马宏智　王　冬　贾文珅　著

近红外技术快速鉴别西湖龙井茶

U0272347

中国农业科学技术出版社

图书在版编目（CIP）数据

近红外技术快速鉴别西湖龙井茶 ／ 马宏智，王冬，贾文珅著. --北京：中国农业科学技术出版社，2022.12

ISBN 978-7-5116-6198-2

Ⅰ.①近… Ⅱ.①马…②王…③贾… Ⅲ.红外分光光度法-应用-绿茶-鉴别 Ⅳ.①TS272.5

中国版本图书馆 CIP 数据核字（2022）第 254109 号

责任编辑　穆玉红
责任校对　王　彦
责任印制　姜义伟　王思文

出 版 者　中国农业科学技术出版社
　　　　　北京市中关村南大街 12 号　　邮编：100081
电 　　话　（010）82106626（编辑室）　　（010）82109702（发行部）
　　　　　（010）82109709（读者服务部）
网 　　址　https：//castp.caas.cn
经 销 者　各地新华书店
印 刷 者　北京建宏印刷有限公司
开 　　本　170 mm×240 mm　1/16
印 　　张　6.5
字 　　数　130 千字
版 　　次　2022 年 12 月第 1 版　2022 年 12 月第 1 次印刷
定 　　价　45.00 元

目　录

第一章 近红外光谱技术的检测原理及茶叶鉴别需求

茶叶样品采集

第一节 近红外光谱技术的检测原理

一、近红外光谱

近红外光是一种介于可见光（VIS）和中红外光（MIR）之间的电磁波，具有波粒二重性，它的能量可以用光子表示。美国材料与试验协会（ASTM）将其定义为波长 780~2 526nm 的光谱区域，近红外区域是人们最早发现的非可见光区域，距今已有 200 多年历史。根据量子力学理论，光子能量为：$E_p=h\nu$（其中 h 为普朗克常数，ν 为光的频率）。从光源发出的近红外光照射到由一种或多种分子组成的物质上，如果分子没有产生吸收，则光穿过样品，该物质分子为非近红外活性分子；否则，为近红外活性分子。只有近红外活性分子才能与近红外光发生作用，产生近红外光谱吸收。近红外活性分子在近红外光谱区内的吸收产生于分子振动的状态变化，或分子振动状态在不同能级间的跃迁，这些跃迁常用谐振子和非谐振子模型来描述。能量跃迁包括基频跃迁（相邻振动能级之间的跃迁）、倍频跃迁（非相邻振动能级之间的跃迁）和合频跃迁（对应于分子两种振动状态的能级同时发生跃迁），相应地，基于这些跃迁形式所产生的吸收谱带就称为基频吸收、倍频吸收和合频吸收。几乎所有近红外光谱的吸收谱带都是中红外吸收基频的倍频及合频。由于近红外谱区在波数 4 000/cm 以上（即波长 2 500nm 以下），这意味着只有基频振动的频率在 2 000/cm 以上（即波长 5 000nm 以下）的振动，才可能在近红外区形成有适当强度（可检测）的倍频吸收。根据实际分子基频谱带的分布可推知，只有含氢基团如 O-H、C-H、N-H 等的伸缩振动才能在近红外区形成适当强度的倍频和吸收谱带。也就是说，近红外光谱的信息主要来源于含氢基团（如 C-H、O-H、N-H、S-H 等）伸缩振动的倍频吸收及其和其他官能团/化学键的合频吸收。不同的基团在近红外区域的吸收位置和吸收强度均不相同。此外，基团的数量、相邻基团的性质、氢键的存在也会影响谱峰的位置和强度。因此，根据近红外谱图和朗伯-比尔定律，可以建立近红外光谱数据和某些理化性质，如成分、浓度等的校正模型，这是近红外光谱定性和定量分析的光谱学理论基础。

二、近红外光谱技术（Near infrared spectroscopy，NIR）

利用有机物对近红外光的吸收特性作为分析手段，继而发展起来的检测技术，称为近红外光谱技术，具有如下的优点：①无损。样品只需进行简单处理或根本不需要预处理，因此基本不会破坏样品；②多组分。近红外光谱提供的信息量大，可实现对多种成分同时进行分析；③分析速度快。一般样品可在 1min 内完成，采用光纤技术时适合于在线分析；④无需试剂。测量过程中基本不需要化学试剂，不产生污染，并且近红外光子的能量比可见光还低，基本不会对人体造成伤害，因而被称为"绿色"的分析方法；⑤操作相对简便。对测试人员要求不高，易培训、推广；⑥简单方便。可直接测定液体、固体、半固体和胶状体等样品，检测成本低。当然，近红外光谱分析技术也有其不足之处：①它不适于对微量成分进行分析；②由于测定的是倍频和合频吸收，故灵敏度较低；③由于近红外光谱吸收复杂、重叠严重，因此，近红外光谱分析技术必须依赖于复杂的校正体系、标准测量方法以及大量的校正集样本建立校正模型，建模成本较高。

第二节　近红外光谱分析技术在农业上的应用

近年来，近红外光谱技术以其快速、无损、多组分同时分析的优势，建立定性或定量模型，在食品、农业、环境、生物医药等领域得到广泛应用。目前农业中应用比较广泛的有水果品质分级、粮油产品的品质测定、种子质量鉴别、生物产品的定性溯源（坛子菜）和无损鉴别（绿茶、西洋参等产地溯源、分级评价）等。

一、近红外检测技术应用的关键问题

要利用近红外设备实现快速检测，需要解决以下 3 个基本问题。

1. 建模样品的收集

所收集的样品要具有代表性，如果是定性判别，目标样品的某一特性或多个特性的综合表现能利用近红外光谱的数据特征给予判别，如果进行定量分析，建模样品库的浓度分布范围要涵盖

未知样品的浓度，因此，模型建立所需的样品数量、浓度范围、样品来源（特性）非常重要。

2. 模型样品特性选择的合理性

用于定量分析建模的样品（标准品），其化学值不但要满足最低要求，范围尽可能宽（涵盖未知样品浓度），同时样品的化学值更要准确，应使用同一实验室、同一方法测定样品化学值，尽可能降低误差，以保证模型准确度，否则，如标准曲线失之毫厘，后面的样品分析准确度也必差之千里；而对于定性判别，则必须明确样品按某种（某些）特性的分类是可行的，以保证能够按分类所形成的集合可以用于区分其他样品。

3. 建模方法的科学性

目前，近红外定性或定量模型的建立多采用化学计量学软件中提供的方法，经过不同方法运算拟合后进行比较，此过程中要注意的不仅是最终模型的精密度、准确度，还要考虑模型的兼容性和适应性，从而择优而用，模型的最终选择将决定近红外技术的实际应用效果。

二、近红外定性判别的优势

近红外技术具有快速、无损和多组分有机物质同时分析等特点，在农产品检测中既可以定量分析，也可以定性判别。相对于定量分析而言，定性判别尤其具有优势；只要通过光谱分析能对目标物进行分类，即可分辨出甲、乙、丙、丁……，或者做出"是"与"不是"的判定。这一技术简单快捷，前期成本也相对较低，对于我国现阶段地理标志农产品、名特优新产品、优选农产品等真伪鉴别，以及利用 1~2 个参数进行定级和分类工作，具有显著应用优势。如判定某西洋参产品的产地是否为长白山；花生、大豆是否为高油等级；小麦或饲料的蛋白分级；玉米的淀粉含量是否达到加工原料等级要求；水果外表、糖度分级等方面。在这些定性判定需求中，不用确认分析对象所有组分的化学值，甚至在大多数判定模型建立时可以不需要测定化学值，只进行光谱运算和比较即可。因此，对具有明显特性的农产品进行溯源或定性鉴别，使用近红外技术有如下优势。

（1）省去测定化学值的烦琐。定性判定大多数情况下不需要测定化学值，从而避免了耗时、耗工、耗费用，更重要的是避免了因化学值不准确而引起的偏离风险。

（2）建模相对简单，不需要代入大量化学参数进行运算。

（3）判定结果直接明了，通常为"是"（Y）或"否"（N），或者给出级别分类结果。

三、建立近红外检测方法的基本步骤

从前面的表述可以知道，近红外光谱区存在大量含氢基团（如 C-H、O-H、N-H、S-H 等）的倍频和合频吸收峰。通过采集物质近红外光谱，建立校正模型，从而实现快速检测，在大幅提高检测效率的同时，还可大幅降低检测成本，有利于实现"省力化检测"。然而，近红外光谱技术亦具有一定的局限性。由于近红外光谱是分子光谱，因此在检测限上难以对痕量、微量物质做到有效检测。近红外光谱分析是间接分析方法，需要一定样本量来建立有效的校正模型。由于农产品的品种、产地、年份等多方面因素的差异，使得农产品中的化学环境即其本身的组成成分各不相同，因此，近红外校正模型还需要一定程度的维护，以确保近红外校正模型具有良好的适应性，模型的建立要考虑样本量、样品代表性、环境或时间因素、模型算法因素、模型的时效性和针对性。通常，近红外检测方法的建立需要以下 5 个步骤。

1. 收集代表性样品

代表性样品即用来建立校正模型的样品。通常代表性样品的数量不能少于 50 份。样品的代表性同时也是方法针对性和测量范围的体现，近红外方法的针对性很强，通常指分析同一类（一种）样品，如大豆、小麦、玉米、番茄、苹果等，而不能一个方法适用于多个品类的分析检测。农产品由于其成分的复杂性和地域特点，样品量需要更多。建立近红外定量模型的样本，其目标组分含量一般应大于 0.5%，且具有一定的量程范围；建立定性模型的样本，其某一特性或综合特性可以分类表示，且分类要准确可靠。

2. 采集近红外光谱

可直接用近红外光谱仪对固体、液体进行扫描，获取样品的光谱透射率或反射率数据。由于近红外穿透能力很弱，多数情况下采用漫反射方式对农产品采集近红外光谱。对于个体或表面均匀的样本，可直接扫描，不均匀的样本建议粉碎成粉末后扫描，并可通过配重压样品，实增加样品表面的均一性、平整度，从而提高所采集近红外光谱的一致性。

3. 样品化学值测定或定性分类

对期望的定量或定性参数进行确认，各参数常采用常规化学分析方法或经验值法。定性分类为保证模型的适用性，通常采用国际、国家或行业标准方法进行测量和分类。

4. 校正模型的建立

将已知的参数代入样品光谱，借助化学计量学算法通过不断选择运算参数并通过推定统计量评估模型的各项性能，最终确认校正模型。

5. 模型的验证与优化维护

模型的验证是为了确定模型的准确度，通常有交互验证和外部验证 2 种方法。交互验证采用建模时的验证集，此时验证结果往往准确度很高，而外部验证是用非建模样品进行，结果可能偏低，但却更能反映模型的容错能力，并有利于模型的优化方向选择。根据验证情况，通过补充新的建模样品提高模型的准确度，从而实现模型的不断优化。当模型不能满足检测对象范围的需求时，需要及时增加建模样本，重新计算模型，以维护所建模型的适用性。

第三节　西湖龙井茶的快速鉴别需求

我国是世界上最早发现和利用茶的国家，古人即以茶叶为食品、药品和饮料。茶作为一种天然的绿色保健饮品，对人体的保健功能和药用价值已逐步被认可。科学研究表明，绿茶有预防癌症的作用，其中的茶多酚、咖啡碱对人体有保健、抗衰老等多种功效。绿茶的生产和消费呈现快速增长趋势，价格也不断攀升，尤以"西湖龙井"茶价值飙升最快。龙井茶产于浙江省杭州市龙井村一带，距今已有 1200 余年历史，其色泽翠绿，香气浓郁，甘醇爽口，形如雀舌，故有"色绿、香郁、味甘、形美"的特点，谓之"四绝"。龙井茶因其产地不同，分为西湖龙井、钱塘龙井（萧山、富阳）、越州龙井（绍兴地区，包括新昌县大佛龙井）、越乡龙井（嵊州），除了杭州市西湖区所管辖的范围（龙井村、梅家坞至龙坞、转塘等村）所产的茶叶叫作"西湖龙井"，其他产区的则习惯称为"浙江龙井"。浙江龙井茶又以越州龙井为胜。"西湖龙井"位列"中国十大名茶"之首，清乾隆游览杭州西湖时，盛赞龙井茶，并把狮峰山下胡公庙前的十八棵茶树封为"御茶"。帝王"御茶"树所产茶叶100克曾卖到18万元，继而带动了环西湖龙井产区茶叶价格的不断攀升。2011年，"西湖龙井"被授予我国地理标志农产品称号，因其口感好、质量高、风味独特等特点，受到人们的广泛好评与关注。

具有区域特色和地理标志的农产品虽然数量少，但在农产品市场消费和对外出口中却占有重要的地位。在生产、物流、交易等环节，以次充好、以假乱真的行为常常会给地理标志农产品带来严重负面影响。"西湖龙井"茶作为地理标志农产品，经常被越州龙井等其他浙江产龙井茶所冒充。鉴别方面多采用传统的经验法和化学法，其缺点是容易受到人为因素或主观因素的影响而产生错判，或因检测耗时长、成本高，无法满足物流、贸易等的快速检测要求。因此，对"西湖龙井"茶，建立无损快速的近红外光谱识别方法，结合RFID特征图谱植入技术，将有利于生产、物流、交易、检测等环节对地理标志农产品的真伪识别和鉴定，有力地保护地理标志农产品的生产流通和贸易渠道，提高茶叶产品在产、供、销等环节中的追溯水平。

近红外光谱技术对未知样本的分析基于校正分析模型。茶叶中的大多有机物如色素、茶多酚、氨基酸、蛋白质、多糖（纤维素、半纤维素、淀粉和果胶）等都含有含氢基团。"西湖龙井"茶因其产区特有的地理环境以及炒制工序等特点，使其在色、香、味等感官指标上得以区分于其他浙江龙井茶，这些感官特性是茶叶各种有机成分的综合表现，可以通过对茶叶样本的近红外光谱加以分析，结合化学计量学多元校正方法、建立定性分析模型，综合计算，建立相应的判别模型来鉴别茶叶的来源。定量判定要结合多种参数的化学值，而西湖龙井用以区分于其他绿茶的单个成分特点并不明显，区分同是浙江的其他产区龙井茶的指标更是凤毛麟角，因此使用定量模型进行鉴别的难度和成本都很大，目前很难实现（未找到特征参数）。而定性判别主要是通过对西湖龙井综合特征进行判断，由于不使用一一对应的化学值，对其定性识别的可能性更大，更具有鉴别意义，值得研究和尝试。

"西湖龙井"茶产区的一级保护区 10 个村（包括梵村、灵隐村、龙井村、满觉陇村、茅家埠、梅家坞、双峰村、翁家山村、杨梅岭、九溪），在村委会领导带领下，研究人员分别走访了各个村的茶园，并对茶园茶树品种和 GPS 信息进行了采集。炒制好的"西湖龙井"茶具有保质期（18 个月），在保质期内，由于存放条件不同，同一批次的西湖龙井光谱，也会随存放环境和时间的延长发生细微地变化，只用新茶建立的模型对保质期后期的鉴定准确率大大降低。为此，研究人员将"西湖龙井"茶保质期内的茶作为标准对象，而变质的、失去特有品质的以及不是西湖龙井茶产区的，或不按西湖龙井工序炒制的茶，均判别为非"西湖龙井"茶。以此为判定标准，连续 5 年收集了环西湖 13 个村/生产队的真实样品，为提高模型的稳定性及适应性，2012—2016 年，在此 5 年期间，均对当年所采西湖龙井（每一批次采样的茶叶）在不同存放期进行光谱采集，合并到建模谱库中，从而有效地提高了模型的稳定性和预测准确度（图 1.1）。

用表型最为相似的越州、淳安、富阳产区的浙江龙井茶和其

图1.1　西湖龙井产区茶山

他扁形茶为对照，分别采集真实样本（西湖龙井）和对照样本（非西湖龙井），建立样本集，获取近红外光谱，建立龙井茶近红外光谱库。通过化学计量学软件建立鉴别模型。其间，为了使检测技术快速得以应用，考察多个厂家的主要硬件，研制了轻简快速设备，并开发了基于近红外光谱技术的"西湖龙井"茶真伪鉴别软件系统，并将优化后的鉴别模型嵌入软件中，实现了"西湖龙井"茶真伪的快速鉴别。

第二章　近红外快速鉴别设备的研制与软件开发

第一节　引言

与化学分析技术相比，近红外光谱分析无损、快速、高效以及无污染的优点非常突出，近红外光谱测量只需要短短的几秒钟，通过模型判别就可得出分析结果，非常适合应用于快速检测仪器的开发。本章设计了一种"西湖龙井"茶快速真伪鉴别仪，它结合近红外光谱技术与二维条码技术的优势，利用"物""码"一致的思路（"物"代表龙井茶，"码"代表二维条码），对"西湖龙井"茶进行真伪鉴别。

"西湖龙井"茶快速真伪鉴别仪的设计开发，从商品标签的数据存储需求、近红外光谱模块的选择、人机交互需求3个方面入手，经过对比论证，最终选定引用二维条码技术作为"西湖龙井"茶的商品标签。首先，它具有成本低廉、读取迅速、人机交互性好、可用于存储商品基本信息及"西湖龙井"茶真伪鉴别加密信息等多种优良特性，并选定QR编码作为二维条码编码格式。其次，经过对"西湖龙井"茶真伪鉴别所需光谱范围的预评估，近红外光谱获取模块最终选择基于线性渐变滤光片（Linear Variable Filter，LVF）设计的超微型近红外光谱仪，其仅用 USB 数据线供电，单体重量不超过 60g。最后，为了良好的人机交互性，并且兼顾开发效率，本系统采用微软公司 .NET 框架下，主推的 C#语言开发。为防止不法分子，通过逆向破解盗取"西湖龙井"茶快速真伪鉴别仪内嵌模型算法，专门设计定制了一套简单可行的二维条码存储方案。该仪器强化了"西湖龙井"茶真伪鉴别的技术手段，并为其他农产品质量安全溯源提供了一定的依据和示范。

第二节　技术路线

"西湖龙井"茶快速真伪鉴别仪的技术设计思路如图 2.1 所示，通过微型近红外光谱仪获取被检测对象的近红外光谱，同时应用摄像头读取二维条码中保存的"西湖龙井"茶近红外光谱的

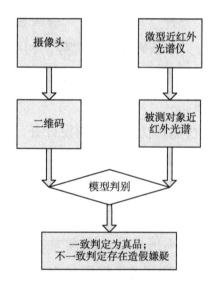

图 2.1　"西湖龙井"茶快速真伪鉴别仪技术设计思路

特征代码，利用判别系统中"西湖龙井"茶真伪鉴别模型进行判定。如果二维条码信息与现场测得被检测茶叶近红外光谱一致，认定为真品"西湖龙井"茶；反之，此"西湖龙井"茶存在造假嫌疑。

第三节　系统需求与关键技术选择

一、系统需求

1. 商品标签的数据存储需求

为了在商品流通、经销商运输与储存等环节快速获取"西湖龙井"茶的商品信息，一般需要商品标签保存如表 2.1 所示的信息。从表 2.1 可以看出，商品标签至少需要 61 字节有效存储容量，如另有计算字段之间的分隔标记、程序冗余校验等需要，商品标签的有效存储容量应该具有 150 字节以上的能力。

表 2.1　商品标签存储容量需求表

项　目	内　容	容量（字节）
产品名称	西湖龙井	8
生产日期	2020-06-01	8
生产批号	20200601001	11
生产单位	龙井茶集团公司	14
特征光谱	5 个双精度数据	20
合计		61

2. 近红外光谱仪需求

光谱仪能够稳定输出高精度、高质量的近红外光谱，光谱重复性强，具有良好的可移动性，可满足现场测试需求。为了满足便携、可移动的要求，则尽可能要求光谱仪低功耗。在当今科学技术水平下，电力能量存储密度不高，低功耗意味着相对较低电池重量和较好的便携性能。

3. 人机交互需求

为满足各层次非计算机专业人员操作本仪器的需要，在保证仪器功能正常执行的前提下，人机界面尽可能简单直观，操作步骤尽可能简便。

二、关键技术选择

1. 二维条码编码技术选择

国际上二维条码种类繁多，不同的二维条码均有不同的编码规则。目前，二维条码主要有日本电装公司开发的 QR 二维条码、美国国际资料公司开发的 Data Matrix 二维条码以及美国 Symbol 公司开发的 PDF417 二维条码这 3 种。这些二维条码编码都具有信息容量大、空间利用率高、超高速识读及防伪保密性强等优点。然而，对于我国汉字信息而言，识读率最高、匹配性最好的还是日本电装公司设计的 QR 二维条码。下面就 QR 二维条码、PDF417 二维条码及 Data Matrix 二维条码做简要性能比较（表 2.2，图 2.2）。

表 2.2　常用二维条码性能比较

码　制	QR Code	Data Matrix	PDF417
研制公司	电装（Denso Wave）	美国国际资料公司（ID Matrix）	Symbol
研制国家	日本	美国	美国
码制分类	矩阵式	矩阵式	堆叠式
识读速度	30 个/s	2~3 个/s	3 个/s
识读方向	全方位 360°	全方位 360°	±10°

（续表）

码　制	QR Code	Data Matrix	PDF417
识读方法	深色/浅色模块判别	深色/浅色模块判别	条空宽度尺寸判别
汉字表示	13bit	16bit	16bit

图 2.2　QR 二维条码示例

从表 2.2 可以看出，QR 二维条码相对于 PDF417 二维条码及 Data Matrix 二维条码，具有较快的识读速度，并且具有全方位（360°）识读特点，使用者不需要对准，可以在任意角度扫描，QR 二维条码仍可被正确读取。该条码具备更高效汉字存储能力，QR 二维条码通过数据压缩方式表示汉字，仅用 13bit 即可表示一个汉字，比其他二维条码（16bit 表示汉字）的效率提高近 20%。QR 二维条码是 Quick Response Code 的缩写，由日本 Denso Wave 公司（日本电装公司）于 1994 年研制开发，并且由 JIS 和 ISO 对其标准化。QR 二维条码有 40 种不同容量的版本，每个版本从 441 像元到 31 329 像元。QR 二维条码具有良好的纠错功能，对应 L、M、Q、H 4 个纠错等级。QR 二维条码定位通过 3 个同心正方形来定位。从国标 GB/T 18284—2000《快速响应矩阵码》可知，QR 二维条码在低纠错等级"L"下，其版本号 40 容量最大。从表 2.3 中可知，如果单独存储数字字符，可以达到 7 000 以上。

表 2.3　QR 二维条码版本号 40 存储不同数据容量性能指标

数据类型	容量/单位（个）
中文汉字	1 817
数字字符	7 089
字母字符	4 296
8 位精度数据	2 953

另外，开发者可以根据需要，对 QR 二维条码自定义编码格式，配合自行开发的解密程序，进行保密数据传递。相比数据量很小的一维条码，在存储庞大数据量的 QR 二维条码面前，不法分子想要破解的难度也相对较大。因此本系统选用 QR 二维条码记录"西湖龙井"茶的品牌、批号、生产日期及近红外光谱特征信息等。

2. 近红外光谱仪选择

自 1970 年世界上第一台近红外光谱仪问世以来，近红外光谱技术已经应用于农业、石油、烟草等多个领域。国内外越来越多仪器厂商加入近红外光谱仪器的研发与应用中，这也为近红外光谱技术的发展奠定了坚实的基础。

通过迈克尔逊干涉仪进行分光，是非常经典的分光技术，但也有很多不足，其内部含有移动部件，是该仪器进行室外、现场操作的致命缺陷。利用迈克尔逊干涉分光原理的光谱仪移动后需要长时间的调试，因此该类型光谱仪大多只能在实验室内使用。为了能开发出适合现场应用的近红外光谱仪，科研工作者研发了可以分光的镀膜，这种镀膜是通过在一片硅板上运用沉积工艺，把硅板分成 N 通道的小格子，在每一个小格子里，镀上不同性质的镀膜，这样当一束全色光照射到这块硅板上时，它就能分光出 N 个不同波段的单色光。美国 JDSU 公司新近研发的线性渐变滤光片（Linear Variable Filter，LVF），就是采用了上述的干涉镀膜分光技术，如图 2.3 所示，全色光经过线性渐变滤光片分光后的单色光波长跟镀膜的厚度成正比。

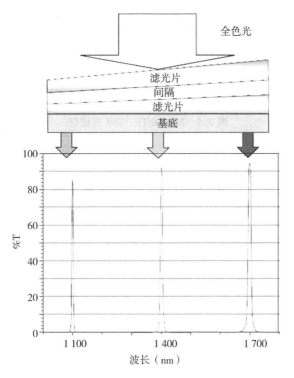

图 2.3　线性渐变滤光片的工作原理

　　线性渐变滤光片相当于把几十个甚至上百个普通滤光片联合使用，每个滤光片仅提供一个很小波段，从而实现连续光谱。从图 2.4 中可以看出，MicroNIR 1700 近红外光谱仪仅有乒乓球大小，具有超紧凑、超轻便等特点，其核心分光元件就是前文所述的线性渐变滤光片。MicroNIR 1700 光谱仪重量只有 60g，仅需通过 USB

图 2.4   MicroNIR 1700 光谱仪

接口，就可完成与主机通信、供电两项功能。因此，本研究尝试选用美国 JDSU 公司的 MicroNIR 1700 线性渐变滤光片型光谱仪，作为"西湖龙井"茶真伪鉴别仪的近红外获取模块，以实现该仪器的便携化、小型化。

第四节   "西湖龙井"茶快速真伪鉴别仪系统结构

一、系统构成

图 2.5 为"西湖龙井"茶快速真伪鉴别仪的系统整体框图示意，该仪器硬件部分由近红外光谱采集模块、二维条码采集模块、ATOM 平台主机以及显示屏 4 部分组成。

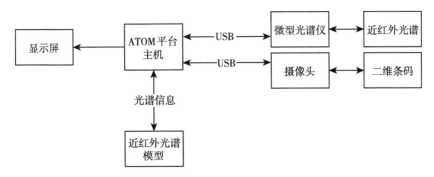

图 2.5 "西湖龙井"茶快速真伪鉴别仪系统示意

二、系统硬件设计

1. 近红外光谱采集模块

本章选用的 Micro NIR 1700 近红外光谱仪，其主要参数如表 2.4 所示。从其性能参数可以看出，其光谱带宽、波长范围、模数转换精度以及运行环境，不亚于许多数倍于其体积的便携式光谱仪。

表 2.4 MicroNIR 1700 近红外光谱仪性能参数

参 数	规 格
光源	双集成真空供灯；1.8 万小时寿命
照明几何	泛光照明/0 角度观察
入射孔径	0.5mm×2.0mm
有效采样区域	2mm×4mm（窗口面）
分光元件	线性渐变滤光片（LVF）
探测器类型	128 线元非制冷铟镓砷（InGaAs）
像素尺寸/节距	30×250μm/50μm
波长范围	950~1 650nm
光谱带宽（光学分辨率）	<1.25%中心波长 即在 1 000nm 处，分辨率为 12.5nm
带内光谱隔离度	>4 OD
模数转换	16 位

（续表）

参　数	规　格
动态范围（最大）	1 000∶1
测量时间（典型值）	0.25 秒
采样积分时间	最小 100 微秒；最大仅受限于暗信号
主机接口	USB2.0
尺寸（直径×高）	45mm×42mm
重量	<60 克
运行环境	−20~40℃，非凝结
存储环境	−40~70℃，非凝结
电源	USB 供电（<500 毫安，5 伏）

2. 二维条码采集模块

本章 QR 二维条码读取选用优派 ViewPad‐97i‐S1 内置 HF5130‐01‐A 型摄像头，利于实现仪器便携化、小型化。图 2.6 即为"西湖龙井"茶的二维条码通过内置型摄像头读取过程的状态。

图 2.6　"西湖龙井"茶二维条码获取工作状态

3. ATOM 平台主机

（1）常见操作系统及系统架构。现在市场上，常见操作系统分成两大阵营：分别是微软 Windows 系列操作系统以及非 Windows 系列的 Android 和 iOS 操作系统。微软 Windows 系列操作系统大多使用 x86 架构硬件平台，基于该平台开发的应用占有率也最高。Android 是 Google 公司于 2007 年 11 月 15 日发布的基于 Linux 内核的开源的操作系统。iOS 是苹果公司基于 Unix 开发的操作系统，主要使用对象是 iPhone、iPod touch 和 iPad。

微软 Windows 便携终端系统包含：适用于 Intel 平台的平板电脑 Windows 8 PC、针对 ARM 平台设备的 Windows 8 RT、微软的手机平台系统 Windows Phone 8 以及稍早的用于手机平台的 Windows phone 7。

（2）硬件平台系统介绍。随着操作系统越来越智能化、人性化，对硬件的需求也越来越高。当前，英特尔公司研制的新一代 ATOM 系列处理器恰恰满足了这一需求，它是英特尔历史上体积最小和功耗最低的处理器（产品的设计热功耗仅在 0.6~2.5W），专门为小型设备设计，旨在降低产品功耗，同时也保持了同酷睿 2 双核指令集的兼容，但是处理器的频率却能达到 1.8GHz。由于 ATOM 处理器的指令集兼容台式计算机 x86 系列处理器，因此现有的 Windows 程序软件可以很容易地无缝移植到 ATOM 机器上。

本章所选用硬件平台具有与主流台式机、笔记本电脑一致的 x86 架构 CPU（Intel ATOM N2600 处理器），2G 系统内存和 32G 固态硬盘。经测试，该平台在 Windows 7 专业版操作系统下可以流畅运行"西湖龙井"茶快速真伪鉴别仪的软件程序，并通过 USB 接口，可以稳定地输出 500mA 电力给近红外光谱模块供电。

三、系统软件设计

1. 软件框架说明

本系统采用 C# 语言开发，C# 语言是 .NET 技术引入的一种新型编程语言。C# 是从 C 和 C++ 演变而来，它继承了 C 系语言高效的特点。.NET 框架的主要组件包括公共语言运行库（CLR）和 .NET 框架类库（FCL）。其中，FCL 提供托管应用程序，写入面向对象的 API。编写 .NET 框架下的应用程序时不必考虑 Windows API、MFC、ATL、COM 或者其他工具和技术，只需使用 FCL，给程序编写者提供了更大的便利。相对于 C 和 C++程序开发，编写同一段代码，C# 不仅开发周期短、代码量小，而且可读性好。C# 程序开发使程序编写者只专注于程序算法，大大提高软件开发效率，非常适应现代快节奏的项目开发要求。

"西湖龙井"茶真伪鉴别系统如图 2.7 所示，分为"光谱获取""二维码获取""二维码识别"和"二维码生成"4 大功能模块。

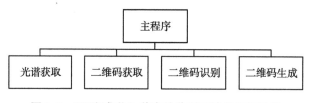

图 2.7 "西湖龙井"茶真伪鉴别系统结构框示意

2. "西湖龙井"茶真伪鉴别系统模块说明

（1）光谱获取模块设计。本模块主要功能是通过控制 Micro NIR 1700 近红外光谱仪，获取被检测对象稳定性强、质量好、信噪比高的近红外光谱，主程序界面如图 2.8 所示。

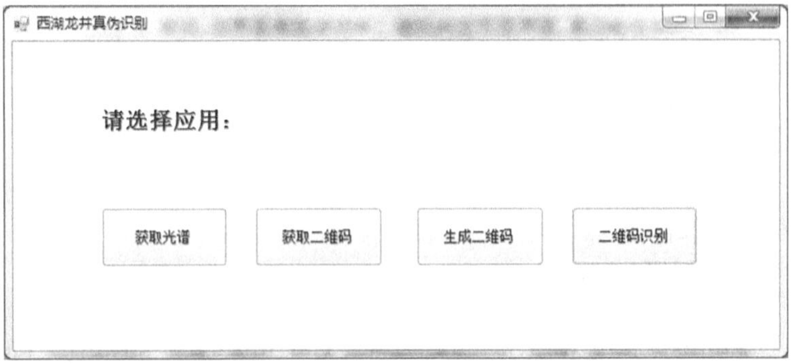

图 2.8 "西湖龙井"茶真伪鉴别系统主程序界面

由于 Micro NIR 1700 近红外光谱仪的控制函数被封装在 ftd2xx. lib 文件中，C#语言开发较难调用 Lib 文件，故此部分使用 C++语言开发。

基于 Micro NIR 1700 近红外光谱仪驱动文件，开发的获取"西湖龙井"茶近红外光谱核心算法如下：

```
//开关灯
    if( isOpen)
        status = FT_Write( handle, "L0 \ r", strlen( _T( "L0 \
r") ) , &k) ;
    else
        status = FT_Write( handle, "L1 \ r", strlen( _T( "L1 \
r") ) , &k) ;
    Sleep( 1000) ;
//设置积分时间
    CString str;
    str. Format( "I%d \ r", m_nInt/1000) ;
    status = FT_Write( handle, str. GetBuffer( ) , strlen( _T( str) ) ,
```

&k);

```
        status = FT_Read( handle, InfoT, k, &dwSizeRe);
        InfoT[ k] = '\ 0';
        CString Inte = InfoT;
```
    //设置采样次数
```
        str. Format( "R%d \ r", m_nSam);
        status = FT_Write( handle, str. GetBuffer( ), strlen( _T( str)),
&k);
        status = FT_Read( handle, InfoT, k, &dwSizeRe);
        InfoT[ k] = '\ 0';
        CString Samp = InfoT;
```
    //读取数据
```
        FT_Purge( handle, FT_PURGE_RX | FT_PURGE_TX);
        status = FT_Write( handle, "Q \ r", strlen( _T( "Q \ r")), &k);
        Sleep( m_nInt * m_nSam/1000);
        char * pDataT = new char[ 128 * 4];
        status = FT_Read( handle, pDataT, 128 * 4, &dwSizeRe);
        int * pData = new int[ 128];
        int j = -1;
        for( i = 0; i < 128; i++)
        {
                pData[ i] = pDataT[ i * 4] * 256 * 256 * 256 + pDataT[ i *
4 + 1] * 256 * 256 + pDataT[ i * 4 + 2] * 256 + pDataT[ i * 4 + 3];
                j = pData[ i];
                CString strtemp;
```

```
            strtemp. Format( "%d", j) ;

            CString icol;

            icol. Format( "%d", i+1) ;

             objRange. SetItem( _variant_t( icol) , _variant_t( 1) , _
variant_t( j) ) ;

        }

        objBook. SaveAs( ( COleVariant) m_PathName, vtMissing, vt-
Missing, vtMissing, vtMissing,

                        vtMissing,
1, vtMissing, vtMissing, vtMissing, vtMissing, vtMissing) ;

        if( objSheets. GetCount( ) > 0)

        {

            if( IDOK = =: : MessageBox( this->m_hWnd, _T( "
光谱导出成功! ") , _T( "提示") , MB_OKCANCEL) )

            {

                status =FT_Write(handle, "L1 \ r", strlen(_T( "L1 \
r") ) , &k) ;

            }

        }

        else

        {

            MessageBox( "光谱导出失败! ") ;

        }

        objRange. ReleaseDispatch( ) ;

        objSheets. ReleaseDispatch( ) ;
```

objBook. Close(VOptional, COleVariant(m_PathName),
VOptional);

objBooks. Close();

objBook. ReleaseDispatch();

objBooks. ReleaseDispatch();

objApp. Quit();

objApp. ReleaseDispatch();

DWORD dExitCode;   //关闭 EXCEL
进程¨¬

GetExitCodeProcess(m_hExcel, &dExitCode);

TerminateProcess(m_hExcel, dExitCode);

图 2.9 为龙井茶近红外光谱采集工作状态，获取被测龙井茶近红外光谱操作步骤如图 2.10 所示。

图 2.9　"西湖龙井"茶近红外光谱获取工作状态

——设置积分时间 5 000 μs，采样次数 50；

——复选框"开灯"按钮，对号取消，光谱仪采集窗口紧贴参比白板；

——点击"暗电流"按钮，弹出暗电流保存成功提示框；

——复选框"开灯"按钮，对号选中，同样光谱仪采集窗口紧贴参比白板；

——点击"100%背景"按钮，弹出 100% 背景保存成功提示框；

——点击"路径"按钮，选择光谱保存路径及光谱名称；

——点击"获取"按钮，弹出"光谱导出成功"提示框。

图 2.10 "西湖龙井"茶真伪鉴别系统的近红外光谱获取操作界面

（2）二维条码识别模块设计与实现。本模块主要功能是当经销商或者消费者需要鉴定"西湖龙井"茶真伪时，本模块比对二维条码中存储的光谱特征信息与通过光谱获取模块获取被测对象的近红外光谱，通过内嵌模型算法判别"西湖龙井"茶真伪。

一是龙井茶二维条码存储内容设计。研究基于"西湖龙井"茶流通与真伪鉴别需要，定制了专用的二维条码存储方案及字段定义，如表 2.5 所示。为在经销商转运与储存环节快速获取商品信息，因此，产品名称、生产日期、生产单位等信息采取明文编码方式。从表2.5中可以看出，"西湖龙井"茶二维条码共有9个字段，为了节省二维条码存储空间，本系统采取只保存字段内容、不保存字段名称的方法，各字段之间应用符号隔开。

表2.5 "西湖龙井"茶样例内容可以通过保存以下字符串来完成："西湖龙井.20200601.20200601001.龙井茶集团公司，94042779.95.51292107.04.－46321861.65.－56346900.95.－11453667.79"。

表2.5 "西湖龙井"茶二维条码字段定义样例

字段编号	字　段	内　容	编码方式
1	产品名称	西湖龙井	明文
2	生产日期	2020-06-01	明文
3	生产批号	20200601001	明文
4	生产单位	龙井茶集团公司	明文
5	特征光谱	94042779.95	密文
6	特征光谱	51292107.04	密文
7	特征光谱	−46321861.65	密文
8	特征光谱	−56346900.95	密文
9	特征光谱	−11453667.79	密文

为了防止有人通过自制二维条码逆向破解技术盗取"西湖龙井"茶快速真伪鉴别仪内嵌模型算法，实施不法行为，系统对于存储的近红外光谱特征代码引用加密算法。

真品"西湖龙井"茶出厂前，通过近红外光谱仪获取"西湖龙井"茶近红外光谱，经过本系统处理后，只需存储5个关键位置的特征信息，就可以很好地把真品"西湖龙井"茶与仿冒"西湖龙井"茶分开。系统针对这种情况，设计开发了专用的加密算法。其算法主要思路是：利用明文字段"生产批号"，对"西湖龙井"茶特征光谱数据进行加密处理。由于"生产批号"的字段内容是一个变动频率非常高的一串字符，每个批次都不同，因此，它是一个非常好的动态密钥。出厂前，研究人员将"西湖龙井"茶近红外光谱 5 个位置的特征信息通过本系统与"西湖龙井"茶生产批号相乘，将计算结果存入"西湖龙井"茶的商品标签中。这样即使有人收集大量真品"西湖龙井"茶商品标签，也很难从"密文"中逆向推出系统内嵌模型。

　　二是"西湖龙井"茶专用二维条码的存储功能设计与实现。QR 二维条码有着较成熟的编码与解码解决方案，其中有 Google 公司开发的二维条码编码与解码工具"ZXing"和 Thought Works 公司设计制作的 QR 二维条码开发控件（Thought Works. QR Code. dll）。本文基于 Thought Works. QR Code. dll 控件来生成编码信息，然后以 BMP 位图方式生二维条码，以提供用户保存或打印。

　　以下是调用"Thought Works. QR Code. dll"控件生成二维条码的核心代码：

```
QRCodeEncoder qrenEncoder = new QRCodeEncoder();
//创建二维条码生成类
qrenEncoder. QRCodeEncodeMode =
QRCodeEncoder. ENCODE_MODE.BYTE;
//二维条码编码方式
qrenEncoder. QRCodeScale = 4;
//每个小方格的宽度‥
qrenEncoder. QRCodeVersion = 8;
```

//二维条码版本号

qrenEncoder. QRCodeErrorCorrect =

QRCodeEncoder. ERROR_CORRECTION. M;

//纠错码等级

第一关，"西湖龙井"茶二维条码版本信息。

如图 2.11 所示，此二维条码仅由每行每列为 21 个点组成，版本为 1。蓝色的小方块作用是存储纠错级别，本图的纠错级别为"L"。系统根据"西湖龙井"茶流通及真伪鉴别需要，容量选择版本为 8 的 QR 二维条码作为存储介质。

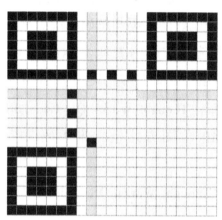

图 2.11　QR 二维条码符号结构

第二关，"西湖龙井"茶二维条码规格。

QR 二维条码符号共有 40 种版本，从版本 1 的 21×21 模块到版本 40 的 177×177 模块。

设版本为 X，规格为 Y，则 QR 二维条码的规格可表示为：

$$Y = X \times 4 + 17 \tag{2-1}$$

前文所述"西湖龙井"茶二维条码版本选择为 8，经计算 QR 二维条码规格为 49，因此，用于"西湖龙井"茶快速真伪鉴别的二维条码标签由 2 401 个点组成。

第三关，"西湖龙井"茶二维条码纠错码编码。

QR 二维条码利用 RS 纠错算法进行纠错，它的纠错分为 4 个级别，分别是：

level L：最大 7% 的错误能够被纠正；

level M：最大 15% 的错误能够被纠正；

level Q：最大 25% 的错误能够被纠正；

level H：最大 30% 的错误能够被纠正；

因此，如果选用"H"等级的 QR 二维条码，即污损或缺失只要不超过30%都是可以修复的。不同纠错等级的 QR 二维条码，差异主要体现在二维条码的存储效率上，纠错等级越高，效率越低，同样尺寸的二维条码可存储数据越少。反之，纠错等级越低，效率越高，可存储的数据越多。本文研制的"西湖龙井"茶二维条码，根据以往运输和销售高价值农产品的经验，受污损或缺失的概率较低，因此，选用中等纠错能力即可（M 等级）。

图 2.12 所示为"西湖龙井"茶真伪鉴别系统的二维条码生成页面，其功能是将本系统"光谱获取"操作界面获取的近红外光谱通过程序内嵌算法生成专用二维条码，并存储成图片文件格式。除此之外，该界面也可以打印生成"西湖龙井"茶专用的商品标签，用于将其粘贴到正品"西湖龙井"茶的外包装上。

图 2.13 所示为"西湖龙井"茶真伪鉴别系统二维条码获取界面，其主要功能是通过控制摄像头把"西湖龙井"茶的二维条码保存成图片格式，或把二维条码信息传递给"西湖龙井"茶真伪鉴别系统的二维条码判定界面，用于"西湖龙井"茶的真伪判定。

图 2.14 所示为"西湖龙井"茶真伪鉴别系统的二维条码判定

图 2.12 "西湖龙井"茶真伪鉴别系统的二维条码生成界面

图 2.13 "西湖龙井"茶真伪鉴别系统二维条码获取界面

界面，其主要功能包括两大项：第一，图片介质的二维条码解码，通过把本系统二维条码获取界面得到的二维条码解码，二维条码明文内容如图 2.14 中文本框所示；第二，"光谱特征""二维条码信息"一致性判断。首先，将二维条码密文内容解密，利用内嵌模型计算出判别式的值；其次，通过内嵌模型计算出系统所现场测量的待鉴别样本近红外光谱判别式的值；最后，如果两个判别式的值均为大于零，说明"西湖龙井"茶为正品，反之，该产品存在假冒嫌疑。

图 2.14　"西湖龙井"茶真伪鉴别系统二维条码判定界面

采集光谱

第三章 "西湖龙井茶"近红外光谱库的建立

第一节 近红外光谱仪的差异比较

近红外光谱具有无须复杂的预处理、对环境友好、非破坏式分析、快速、高效等诸多优点，近几十年以来广泛地应用于各个领域，在农产品以及食品的品质分析中亦具有很多成功的应用案例。本章围绕"西湖龙井"茶叶近红外光谱的采集，分别介绍"西湖龙井"茶叶近红外光谱数据库建立过程中，不同分光原理的近红外光谱仪器在采集"西湖龙井"茶叶近红外光谱数据中的差异与比较，以及光谱模型与信息技术的结合应用。本章内容可为"西湖龙井"茶叶真伪识别过程中基础数据的采集和应用提供有效的技术参考，并对其他地理标志农产品真伪识别与溯源过程中基础数据的采集和应用具有借鉴意义。

自 20 世纪 50 年代近红外光谱仪问世以来，从分光系统看，主要历经了滤光片型、光栅型、傅里叶变换型、声光可调谐滤波型。从外观上，小型化乃至便携化是近红外光谱仪的发展趋势之一，以适应不同应用领域的多种需要。

近年来，基于微机电系统（Micro Electro-Mechanical System, MEMS）制造的近红外光谱仪器受到分析工作者的广泛关注，微机电系统被认为是继近红外光谱仪的产生、化学计量学的引入、光纤的使用之后的近红外发展史上的第 4 次飞跃，为近红外光谱仪在减小体积、降低能耗、提高仪器重复性和抗震性等方面做出了积极贡献。

以美国 Axsun 公司的 NIR Analyzer XL410 型便携近红外光谱仪为例，该仪器采用同步辐射高能光源进行光学器件加工，光学系统部件的尺寸控制在几毫米的范围内，而其光学系统采用微机电系统制造，光源、单色器和检测器等核心部件的整体长度仅有 14mm，并且具有波长和光强 2 个校正模块。整机尺寸 250mm×150mm×75mm，重量约 3kg，具有很好的便携性、抗震性、稳定性以及环境适应性，适用于农产品收购现场质量抽查以及田间农产品质量的现场检测等方面应用。该仪器体积虽小，但主要光学性能指标却可与常规实验室仪器媲美：波长准确度为 ±0.025nm，波长重复性为 0.01nm，连续运行 24h 的基线稳定性为 ± 0.5%，采样速度为 10 次/s。

有别于其他类型的近红外光谱仪，Axsun NIR Analyzer XL410 型便携近红外光谱仪采用 Fabry-Pérot 干涉仪作为单色器，其原理示意如图 3.1 所示。图 3.1 中，M1 和 M2 是两块平行放置并垂直于光路的平面镜，其内表面涂有高反射材料。当两块平面镜之间的距离 d 与光波的波长 λ 满足 $d = n\dfrac{\lambda}{2}$ 关系时，只有波长 λ 的光波能够穿过两块平面镜，从而达到干涉分光的效果。实际情况是，其中的一块平面镜固定在光学平台上，另一块平面镜固定在压电陶瓷材料上，通过改变压电陶瓷的供电电压，使得压电陶瓷发生不同程度的形变，以改变 M1 和 M2 之间的距离，从而实现干涉分光。由于压电陶瓷的供电电压与其形变程度具有确定的数量关系，因此可以精确地控制两个平面镜之间的距离。

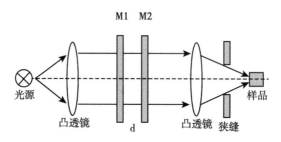

图 3.1　Fabry-Pérot 干涉原理示意

用法布里干涉近红外光谱仪和傅里叶变换近红外光谱仪共同采集了"西湖龙井"茶叶的近红外光谱并加以比较，为便携近红外光谱仪的性能与评价提供一定的参考。所使用的仪器型号信息如下：便携近红外光谱仪，型号 NIR Analyzer XL410，美国 Axsun 公司；傅里叶变换近红外光谱仪，型号 Spectrum 400，美国 Perkin Elmer 公司。样品为当年"西湖龙井"产区茶叶。

为了将干扰因素降至最低，两台近红外光谱仪的仪器参数设定为相同，即波长范围 1 350~1 800nm，仪器暗电流、参比光谱扫描的累加次数皆为 128 次，样品光谱以及空白光谱扫描的累加次数为 64 次，波数间隔 0.5nm。

图 3.2 分别是便携近红外光谱仪的暗电流、参比光谱以及空白样品光谱。通过图 3.2A 可以看到，所用的便携近红外光谱仪的暗电流的峰-谷值的数量级为 $10^{-5} \sim 10^{-6}$；通过图 3.2B 可以看到，仪器所能覆盖的波段内，能量波动程度较小，大部分波长范围的能量值较为稳定，1 550nm 附近的能量呈现较高且较为稳定的特征，而靠近 1 350nm 附近的能量略低。据此，在 1 550nm 附近，采用空

白光谱（图3.2C）数据计算上述仪器条件下的信噪比（SNR）：空白光谱在1 540nm处的吸光度为1.30×10^{-5}，在1 555nm处的吸光度为-2.28×10^{-5}，则信噪比 SNR = $1/$ [$1.30 \times 10^{-5} - (-2.28 \times 10^{-5})$] = 2.79×10^{4}。该信噪比可以满足一般样品分析的需求。

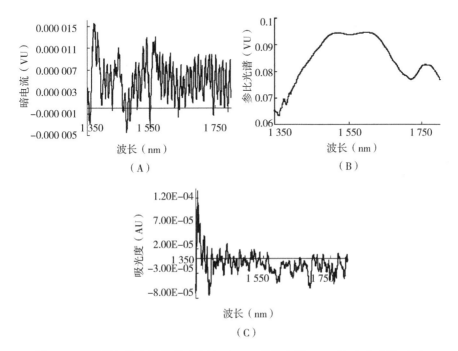

图3.2 便携近红外光谱仪的暗电流（A）、参比光谱（B）和空白光谱（C）

采用便携近红外光谱仪对当年的"西湖龙井"茶叶样品采集近红外光谱，同时采用傅里叶变换近红外光谱仪在相同环境和仪器参数下采集同一样品的近红外光谱，如图3.3A。其中，光谱 I 由傅里叶变换近红外光谱仪（PE Spectrum 400型傅里叶变换近红外光谱仪）采集，光谱 II 由便携近红外光谱仪（Axsun NIR Analyzer XL410型法布里干涉近红外光谱仪）采集。

将两条光谱的数据做一元线性回归，如图3.3B所示，其回归

方程为 $y = 1.3156x - 0.5511$，相关系数 $r = 0.9927$。从相关系数可见，两台仪器在相同实验条件、相同仪器参数的情况下，对同一样品扫描的近红外光谱的相关程度较高。然而，两条光谱之间存在一定程度的平移。造成上述现象的原因是，两台仪器采集同一个样品光谱时，样品和光谱仪镜头的距离有所不同，因此两条光谱之间产生了平移，该平移也体现在两组光谱数据的一元线性回归方程的截距上；另外，不同仪器的分光原理不同，也会导致对同一样品采集光谱数据的差异。

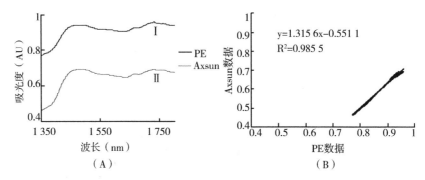

图 3.3　两种光谱仪采集的西湖龙井茶叶的近红外光谱（A）及两组数据的相关关系（B）

为了尽量消除两条光谱间平移的影响且增强光谱分辨，对图 3.3 中的两条光谱计算一阶导数谱，如图 3.4A 所示。

将两条光谱的数据做一元线性回归，如图 3.4B 所示，其回归方程为 $y = 1.3158x - 2 \times 10^{-5}$，相关系数 $r = 0.9815$。从相关系数可以看到，两条导数光谱的相关系数亦较高。从两组光谱数据的一元线性回归方程截距的变化可以看到，一阶导数有效地消除了两条光谱的平移。此外，由于导数增强了光谱分辨，因此使得两条导数光谱数据的相关系数较原光谱数据的相关系数降低了 0.0112。

由于两种仪器的分光原理不同，因此，即使是在相同的实验环境、同样的仪器参数下，针对同一样品所采集的光谱也会存在细微差异。这种差异在原光谱中体现得不明显，通过一阶导数处理后则可以较明显地看到。

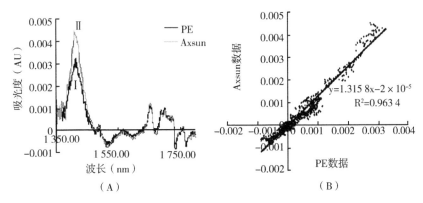

图3.4 两种光谱仪采集的西湖龙井茶叶的一阶导数谱（A）及两组数据的相关关系图（B）

从导数光谱的比较分析中可以看到，基于法布里干涉原理的便携近红外光谱仪和傅里叶变换型近红外光谱仪的光谱之间存在一定的差异。实际情况中，在相同实验条件、相同实验参数下，针对相同的样品，即使都是傅里叶变换型近红外光谱仪，不同生产厂家的仪器所采集的近红外光谱也会存在一定的差异。甚至同一厂家、相同型号的几台仪器之间，也不能保证不存在细微差异。但是，如果用同一台仪器采集样品光谱并建立校正模型，还是可以达到较好建模效果的。在便携近红外光谱仪所采集光谱建模研究方面，中国农业大学的闵顺耕教授及其研究团队曾采用Axsun便携近红外光谱仪采集大豆、玉米和烟草样品的近红外光谱，并分别针对其中的几种重要组分建立了定量校正模型。结果表明，采用便携近红外光谱仪采集的光谱所建立的定量校正模型的精度依然较高，完全可以满足农产品现场、在线、快速分析的需要。

本节介绍了基于法布里干涉的便携近红外光谱仪的仪器性能和干涉分光原理，并且以"西湖龙井"茶叶为例，与傅里叶变换型近红外光谱仪所采集的近红外光谱进行了比较。结果表明，便携近红外光谱仪具有独特的分光原理，虽然其采集的光谱和傅里叶变换型近红外光谱仪采集的光谱有细微差异，但是在诸多性能方面可以与实验室常用的傅里叶变换近红外光谱仪相媲美，并且在现场和在线分析方面具有很大的潜力和优势。然而，本节所使用的便携近红外光谱仪，目前还只能覆盖 1 350 ~ 1 800nm 波段范围的近红外光谱，亦即中波近红外光谱范围，对于长波以及短波近红外光谱区域尚无覆盖；此外，有关便携近红外光谱仪在农产品品质与质量安全中的应用还有待更广泛、深入地研究。本节内容可为建立"西湖龙井"茶叶近红外光谱数据库过程中仪器偏差的校正以及仪器实验参数和性能评价等提供一定的参考。

第二节 光谱模型与信息技术的结合

地理标志农产品是指产自特定地域，所具有的质量、声誉或其他特性本质上取决于该产地的自然因素和人文因素，经审核批准以地理名称进行命名的产品。地理标志农产品包括以下两个方面：①来自该地区的种植、养殖产品；②原材料全部来自该地区或部分来自其他地区，并在该地区按照特定工艺生产和加工的产品。例如，北京平谷大桃、山东烟台苹果、杭州西湖龙井茶等地理标志农产品，因其品质优秀而受到广大消费者的青睐。

虽然国家自 2005 年就已明确颁布了有关地理标志农产品保护

的申请与审批程序等法律规定，但是，正是由于享有非常好的声誉，地理标志农产品很容易受到假冒产品的侵害，因受到产地条件、物流环节等方面的限制，对假冒地理标志农产品进行溯源的难度依然很大。

针对农产品产地溯源，很多学者开展了有意义的研究工作。其中，稳定同位素、大型仪器分析等技术皆获得了较好结果。但是，面对日益增长的物流需求，实验室大型仪器难以提供有效的解决方案。

随着信息技术的不断进步，手机二维码、GPRS技术、GIS技术以及RFID技术等现代高科技手段陆续被应用于农产品产地溯源工作，并取得了阶段性、有意义的成果。

农产品溯源的环节中，标签是一种重要且常用的溯源工具，包括一维条码、二维条码、磁条、电子标签等，是产品身份识别、真伪鉴别和质量追溯的主要手段，也是记载产品信息的重要介质。近年来，随着二维条码、射频识别电子标签（RFID）等技术的推广应用，以及人们对产品质量尤其是食品和农产品质量安全的关注度不断提高，产品真实性识别技术成为保障产品质量安全的热点。然而，以普通标签作为溯源工具，会不断遭到产品造假者的攻击，主要表现在防伪标签被不法商贩仿制后流入市场，造成市场管理混乱、标签与产品不符的现象。

近些年来，借助计算机技术的进步和化学计量学的发展，近红外光谱技术得到了前所未有地应用。近红外光谱主要来源于物质中含氢基团的合频与倍频吸收。由于近红外光谱重叠严重并且难以解析，曾经"沉睡"了一段时间。借助化学计量学算法的发展，近红外光谱对物质的定性、定量分析成为可能；复杂的算法对于现在的计算机运算速度而言已不再是难题。因此，近红外光谱技术开始被应用于农产品、食品的快速无损品质分析如谷物、食品、水果、烟草、茶叶等品质分析等方面，近红外光谱分析技术以其快速、高效、无损检测的特点，均取得了显著的效果。

物质对近红外光的吸收主要来源于含氢基团的合频与倍频吸收。根据量子力学原理，每增加一个倍频，跃迁概率大约降至上一级倍频的 1/10。体现在光谱上，近红外光谱的吸收强度较中红外光谱弱很多。也正是由于物质对近红外光的吸收性质，在进行近红外光谱实验时，可以使用长光程比色池。对于固体样品而言，可以直接采集近红外光谱，几乎无须进行前处理工作。即近红外光谱技术是一种快速、无损、高效、便捷、环境友好且适用于农产品分析的新型分析技术。目前的仪器可以在数秒内完成高信噪比近红外光谱的采集，这使得高通量市场样品的快速检测成为可能。不同于传统的抽检，近红外光谱分析技术在校正模型的支持下，可以做到对每一份样品进行快速检测，有效避免了检测盲区，并可以在大幅提高检测效率以及检测代表性的同时，还可大幅降低检测成本，从而实现"省力化检测"。然而，近红外光谱技术也具有一定的局限性。由于近红外光谱是分子光谱，因此在检测限上难以对痕量、微量物质做到有效检测。近红外光谱分析是间接分析方法，一般需要训练集样本建立校正模型。由于农产品的品种、产地、年份等多方面因素的差异，使得农产品的化学环境——其本身的组成成分各不尽相同，因此，近红外校正模型还需要一定程度地维护，以确保近红外校正模型具有良好的适应性。

尽管如此，近红外光谱技术在无损快速检测、农产品品质分级、产品质量控制以及农产品真伪鉴别和溯源等方面依然具有不可替代的优势。将近红外光谱信息与标签相互耦合，则可实现"物签合一"的溯源方法，不仅可以解决农产品产地溯源的难题，而且可以有效防范标签造假的发生。然而，近红外光谱的数据量十分庞大，而现行的产品标签又存在存储容量不高的弱点，一般在几十字节至一千字节，极少数高价电子标签可达到几万字节。此外，现行的产品标签对信息的记录方式多采用直接描述、编码和通过网站等通信手段查询等。上述现状导致一方面标签自身容易被造假；另一方面如果产品与标签不符，消费者和监管者也难以证伪。综上所述，如何将近红外光谱庞大的数据信息写入标签，并针对消费者开发便于证伪的溯源方法是当前亟待解决的问题。

第三节　茶叶近红外光谱的获取与光谱库的建立

本部分内容以地理标志农产品——杭州"西湖龙井"茶叶为例，通过对电子标签追溯技术、近红外光谱真伪识别技术、产地和品牌特征提取方法等研究，构建新型真伪追溯技术体系，以期在"西湖龙井"茶叶真伪识别的基础上，进一步强化产地和品牌辨别技术手段，并为其他农产品质量安全溯源提供新的依据和支持。

一、收集代表性样品

为实现农产品物签合一的溯源目的，首先需要建立地理标志农产品的近红外光谱数据库。该数据库需要包含真实的杭州"西湖龙井"茶叶的近红外光谱。

自 2012 年起，研究人员连续 5 年收集西湖龙井茶叶代表性样品，每年 100~110 份。西湖龙井茶来自一级产区的 10 个村和二级产区的 2 个村，如图 3.5 所示；与之对比的非"西湖龙井"茶主要来自千岛湖、淳安、越州等产区。"西湖龙井"茶样品来源经当地专家确认，多为现场炒制后进行标记和 GPS 定位，5 年共获取代表性样品 510 份。

图 3.5　GPS 定点取样

二、制定光谱采集规范

为了保证所获得光谱条件的一致性，系统首先针对项目使用的 3 种近红外光谱仪，分别制定了扁形茶的近红外光谱数据采集规范。

样品要求：扁形茶制作工艺，样品含水量小于或等于 10%。

光谱采集方式：漫反射。

参比：洁净 $BaSO_4$ 陶瓷片/聚四氟乙烯板。

1. Perkin Elmer Spectrum 400 傅里叶变换近红外光谱仪

仪器厂家：Perkin Elmer（美国）；

仪器型号：Spectrum 400；

使用附件：积分球；

光谱范围：10 000~4 000cm^{-1}；

光谱分辨率：8cm^{-1}；

参比累加次数：64 次；

样品累加次数：64 次；

操作步骤如下所述。

（1）取茶叶样品 20g±2g，装载于样品杯中。

（2）在茶叶样品上加 200g 重物，使茶叶样品外观规整。

（3）将样品杯放在近红外光谱仪的积分球附件上，采集茶叶样品的近红外光谱。

（4）每个样品做 3 次平行扫描。

2. Axsun XL410 型法布里干涉近红外光谱仪

仪器厂家：Axsun（美国）；

仪器型号：XL410；

使用附件：积分球；

光谱范围：1 350~1 800nm；

光谱中心分辨率：3nm；

参比累加次数：64 次；

样品累加次数：64 次；

操作步骤如下所述。

（1）取茶叶样品 5g±1g，装载于样品杯中。

（2）在茶叶样品上加 200g 重物，使茶叶样品外观规整。

（3）将样品杯放在近红外光谱仪的积分球附件上，采集茶叶样品的近红外光谱。

（4）每个样品做 3 次平行扫描。

3. VIAVI 线性渐变分光近红外光谱仪

仪器厂家：VIAVI（美国）；

仪器型号：NIR1700；

光谱范围：908~1 676nm；

光谱中心分辨率：10nm；

单次积分时间：5 000μs；

参比累加次数：50 次；

样品累加次数：50 次；

操作步骤如下所述。

（1）将茶叶样品平铺于样品杯中，平铺厚度不小于 5mm。

（2）将 VIAVI 光谱仪放置于茶叶样品上，施加压力约 200g。

（3）采集茶叶样品的近红外光谱。

（4）每个样品做 3 次平行扫描。

三、建立光谱库

每年对收集的"西湖龙井"茶叶和普通扁形茶叶样品进行光谱采集，每份样品从获取和不同储藏时间分别扫描，共扫描茶叶样品 1 200 余次，其中，"西湖龙井"茶叶样品 800 余次，普通扁形茶叶样品 400 余次，建立了不同年份、不同月份的扁形茶近红外光谱库，以行为单位存储茶叶样品光谱数据，并关联茶叶产地、采样点经纬度等信息，用于分类筛选及检索。光谱库数据以 Excel 文件格式（＊.xls）保存备份。

第四节 "西湖龙井"茶物签合一追溯体系的建立

此前采用传统方法,即局限于"物"和"签"分离的追溯方法,导致"物"是"物"、"签"是"签","物"和"签"没有做到有效地融合。这为不法分子假冒伪劣、以次充好等行为提供了可乘之机。因此,建立"西湖龙井"茶叶物签合一追溯体系对开展"西湖龙井"茶叶产地追溯工作是十分必要的。所谓"西湖龙井"茶叶物签合一追溯体系,是指"西湖龙井"等扁形茶叶的光谱和射频感应标签的有效合一,具体实现方法见下文所述。

扁形茶叶样品的近红外光谱如图3.6所示。由图3.6可见,很难直接观察到西湖龙井茶叶和普通变形茶叶的近红外光谱差异。

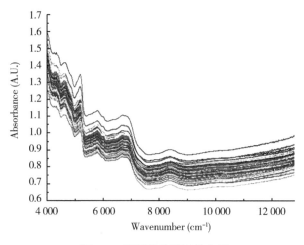

图3.6 扁形茶叶近红外光谱

基于近红外光谱数据,对西湖龙井茶叶近红外光谱进行有效片段分割、编码的技术方案,写入产品标签。按照上述步骤,庞大的近红外光谱数据将以几个简短代码的形式存入现有标签、条码等介质中，从而解决了近红外光谱因数据量庞大而无法写入标签介质中的难题。上述步骤可以用图3.7进行描述。

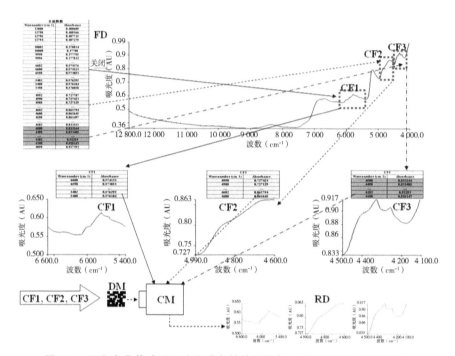

图3.7 西湖龙井茶叶近红外光谱有效片段分割、编码及写入标签过程

具体到实际操作过程中，需要有以下步骤。

（1）在"西湖龙井"茶叶的生产环节，将每一份样品逐一扫描近红外光谱，从而建立"西湖龙井"茶叶近红外光谱数据库，即图3.7中的"FD"。

（2）收集市场上常见的普通扁形茶，扫描近红外光谱，建立扁形茶数据库。

（3）根据步骤（1）和步骤（2），建立"西湖龙井"茶叶鉴别模型。

（4）根据步骤（3），筛选"西湖龙井"茶叶有效光谱片段，并采用特定的手段进行加密编码，即图 3.7 中的 "CF1" "CF2"和 "CF3"。

（5）将步骤（4）的加密编码写入电子标签等介质，即"DM"。

应用于市场上的西湖龙井茶叶真伪识别过程，针对执法者，可以采用便携式/微型近红外光谱仪采集待测样品的近红外光谱并按照预先的规则进行有效片段分割（RD），并采用扫描设备扫描电子标签、条码等介质（DM）。在便携式/微型近红外光谱仪中预先集成了光谱片段分割程序以及产品出厂前的分割结果（CF1、CF2、CF3），因此可以方便地实现待测样品的光谱和标签相互比对工作，真正实现物签合一的监测过程。针对消费者，可以采用手机等设备对待测茶叶样品上的条码进行扫描，并将其中的信息（即根据 CF1、CF2、CF3 加密编码的信息）上传到指定网站查询，从而实现对标签的证伪。如果消费者对查询结果有异议，还可以将样品送到出售茶叶商店所购置的客户终端机，通过终端机对样品进行近红外光谱扫描和光谱有效片段分割，与茶叶出厂前预扫描数据进行比对，进而实现为消费者进行茶叶的物签合一追溯。

实际工作中，更严谨的判定需要采用化学计量学算法提取光谱特征，建立西湖龙井茶叶真伪鉴别模型，从而将西湖龙井茶叶加以鉴别。关于建模的详细内容将在下一章介绍。

第五节　本章小结

近红外光谱技术以其快速、无损、高效等特点，在农产品真伪鉴别、产地溯源等方面的应用正日臻成熟，该技术依赖于数学模型，其基础是光谱数据所构成的近红外光谱数据库。在构建近红外光谱数据库时，仪器的类型、与现有仪器的差异比较、光谱参比、谱区范围、光谱信噪比等是需要考察的对象，也是建立光谱数据库时需要记录的重要参数。另外，在建立光谱数据库的基础上，与现代信息技术联合，从而弥补近红外光谱技术的短板，进而延伸近红外光谱技术的应用领域。基于近红外光谱技术，建立"西湖龙井"茶叶近红外光谱数据库，与电子标签技术相结合，建立"西湖龙井"茶叶物签合一的追溯体系，与传统的追溯技术相比较，本体系融入了"西湖龙井"茶叶的光谱数据特征，从而为保护地理标志农产品——"西湖龙井"茶叶提供强有力的技术支持。

第四章 "西湖龙井"茶真伪鉴别模型的建立

第一节 "西湖龙井"茶真伪鉴别模型的意义

随着农业生产力的提高，我国食用农产品已基本解决了供需关系的矛盾，生产方式由片面追求产量向提高产品质量和营养健康的方向转变。然而，近年来市场上出现的地理标识农产品仿造、假冒、掺假、制假等问题，严重削弱了消费者对特色、优质农产品品牌的信任，给相关产业造成了巨大损失。

"西湖龙井"茶作为高附加值农产品，长期以来受到以次充好、假冒、制假等多方面问题困扰，不仅侵犯了消费者的合法权益，更严重损害了"西湖龙井"作为地理标志农产品的权威性。在农产品溯源方面，一些学者做了有意义地探索。袁玉伟等采用稳定同位素质谱和等离子发射光谱质谱法测定茶叶中同位素比率和多元素含量，结合主成分分析—线性判别分析算法建立模型，区分不同产地茶叶的准确率在86%以上。宋君等综述了DNA指纹技术在食品掺假以及产地溯源检验中的应用。然而，现有方法一般需要使用大型仪器以及化学试剂，并且分析所需时间较长，难以实现农产品现场快速检测的需求。

　　近年来，随着化学计量学的发展和计算机应用技术的进步，近红外光谱分析技术以其快速、高效、便捷、环境友好等优势，在分析化学领域，尤其是快速分析方面得到了广泛应用。在茶叶品质分析方面，郭志明采用近红外光谱法建立了茶叶游离氨基酸含量测定的反向传递神经网络偏最小二乘模型，预测的相关系数达到 0.958，*RMSEP* 值为 0.246。牛智有等用 NIR System 6500 和 Infra Xact Lab 两种不同型号的近红外光谱仪，对茶叶中茶多酚和咖啡碱含量进行定标建模，结果表明，不同仪器所建模型效果皆良好，目标函数值皆大于 91%。Daiki Ono 等采用傅里叶变换近红外光谱技术对绿茶蒸制加工过程控制最优化进行研究。Guangxin Ren 等采用傅里叶变换近红外光谱技术对红茶地理溯源进行定量研究，建立了红茶中咖啡因、总酚、游离氨基酸等成分的偏最小二乘回归模型，对不同地域红茶的正确识别率达到 94.3%。Quansheng Chen 等基于近红外光谱技术，比较了偏最小二乘、反向传递人工神经网络、支持向量机回归等不同算法在测定绿茶抗氧化活性物质方面的差异。

　　尽管如此，近红外光谱技术的推广应用仍然具有一定的难度。从仪器性能角度，目前仪器市场上多为通用型近红外光谱仪，而在茶叶品质以及溯源方面的专用型近红外光谱仪则鲜有报道。从仪器便携程度看，目前通用型近红外光谱仪一般体积较大，且由于其中存在精密的光学元器件如迈克尔逊干涉仪等而不便移动，难以实现对农产品的现场检测；而目前的便携式近红外光谱仪，或所植入模型过于简单，或没有茶叶品质分析的专用型便携近红外仪器。从仪器成本角度来看，一般的近红外光谱仪的价格在数十万元乃至上百万元人民币价位，对于一般的企业难以承担。分析仪器的便携化不仅是仪器分析的一个发展方向，更是将无损快速分析技术进行推广的有力手段。由此可见，仪器的通用性、便携性以及仪器成本成为影响近红外光谱技术在本领域广泛应用的重要方面。

除此之外，作为"黑箱"技术，近红外光谱分析技术的很多应用虽然可以获取模型分析结果，但是对于模型的数学原理和样品的化学属性之间的关系则难以解释。当样品因年度、环境、储藏条件等外界因素的改变而发生变化时，极容易导致模型的不适应现象。因此，近红外光谱分析除考察分析结果之外，还务必要对分析对象的光谱数据特征加以分析，从数学角度对模型性能进行解释。

本章内容采用基于线性渐变分光（Linear Variable Filter，LVF）原理的便携式近红外光谱仪采集"西湖龙井"茶叶和普通扁形茶叶样品的近红外光谱数据，结合判别分析算法建立"西湖龙井"茶叶无损鉴别模型。LVF 是一种特殊的通带滤光片，使用先进的光学镀膜和制造技术，向特定方向形成楔形镀层。由于通带中心波长与膜层厚度相关，滤光片的穿透波长在楔形方向上发生线性化，从而起到分光作用。该仪器采用线性渐变滤光片和线性阵列铟镓砷（Indium-Gallium-Arsenic，InGaAs）检测器耦合，具有紧凑、轻便、稳定性好、无移动部件的特点。该仪器在 0.25 秒内即可完成 50 次光谱累加，可获得高质量近红外光谱。就仪器的通用性、便携性和价格而言，该仪器皆可满足农产品现场快速检测的需要。然而，受线性阵列 InGaAs 检测器规格的制约，该仪器采集的光谱变量数为 125，即 125 个波长数据。对光谱数据的处理和有效信息的提取，成为该便携式近红外光谱仪普及和推广应用的瓶颈。

本章内容突破近红外光谱技术的局限性，以2个年份"西湖龙井"茶叶和普通扁形茶为例，在收集2年份茶叶样品的基础上，分别采集了不同年份茶叶样品的近红外光谱数据。进一步针对茶叶理化性质随保存期的不同而发生的变化，在不同保存期采集茶叶近红外光谱数据。从近红外光谱数据主成分特征子空间的数学性质对样品加以描述，并在此基础上对模型性能进行解释。通过主成分分析（Principal Component Analysis，PCA）算法，根据最重要主成分的得分空间分布特征选取代表性样品；采用偏最小二乘—判别分析（Partial Least Square–Discriminant Analysis，PLS-DA）算法结合全交互验证算法建立西湖龙井真伪鉴别模型，并采用外部盲样对模型性能进行验证。本章内容可为"西湖龙井"茶真伪鉴别模型的建立与维护提供一定参考，并对其他农产品快速高效溯源方法的建立以及提高模型预测准确度等方面具有参考价值。

第二节 "西湖龙井" 茶真伪鉴别模型的建立

基于近红外光谱实现茶叶真伪的无损鉴别一般包含以下6个步骤：①收集代表性样品；②采集近红外光谱数据；③划分代表性数据集；④模型建立；⑤模型维护；⑥模型优化与判定。其中，借助化学计量学算法建立针对西湖龙井茶叶的鉴别模型并对模型进行维护是核心步骤。本节首先对建立模型的过程加以介绍。

一、实验参数

采用基于线性渐变分光原理的便携式近红外光谱仪(美国 VIAVI 公司)基于其自带软件采集茶叶样品的近红外光谱。以聚四氟乙烯白板为参比,将光谱仪镜头紧贴白板采集参比光谱;将茶叶样品平铺放置,厚度不少于 5mm,将光谱仪镜头紧贴茶叶样品采集样品光谱。采集光谱的波长范围为 908~1 676nm,每条光谱 125 个变量,单次光谱积分时间为 5 000μs,累加 50 次。每份茶叶样品采集 3 次光谱,计算平均光谱作为该样品的近红外光谱。实验室温度控制在 25±2℃范围内,相对湿度控制在 25±5%范围内。

二、样品描述

采用项目期内 2 个年份(本系统以 2012 年作为第 1 年份、2013 年作为第 2 年份)所取的浙江省杭州市"西湖龙井"茶叶产区的茶叶样品,并采集浙江省其他地区的普通扁形茶作为对照。所采集的茶叶样品放置在 -20 ℃冰柜中冷冻保存。其中,"西湖龙井"茶叶 103 份,约占茶叶样品总数的 47%;普通扁形茶 114 份,约占茶叶样品总数的 53%。此外,为研究不同采集时间对茶叶鉴别结果的影响,对第 2 年份样品分别在采收后(第 1 次采集)以及采收后 3 个月(第 2 次采集)分别采集光谱数据。

茶叶样品近红外光谱如图 4.1 所示。由图 4.1 可见,如果单从光谱外观的角度而言,西湖龙井和普通扁形茶的近红外光谱差异很小。因此需要进一步对数据进行处理,提取关键信息并建立数学模型,从而实现对真伪西湖龙井的鉴别。

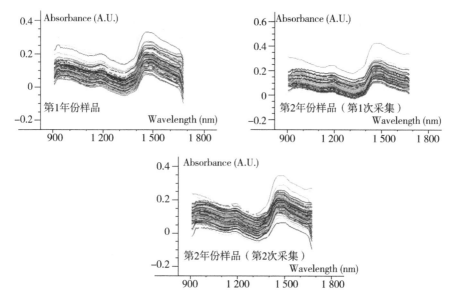

图 4.1　茶叶样品 LVF 近红外光谱

三、代表性数据集的划分

为使所建模型具有最大代表性，需要选取具有代表性的样品集。采用主成分分析（Principal Component Analysis，PCA）算法对茶叶样品近红外光谱数据进行分解，选取主成分贡献率最大的 2 个主成分得分做散点图，根据散点图中样品分布情况划分出有代表性的校正集和外部验证集。

采用 PCA 算法对第 1 年份茶叶的近红外光谱数据进行分解。前 3 个主成分的贡献率分别为：89%、8%、1%。前两个主成分可以代表原光谱 97% 的信息。选取前 2 个主成分做主成分得分散点图，如图 4.2 所示。从图 4.2 可见，第 1 年份茶叶样品的第 1、第 2 主成分得分明显分为 2 个部分。第 1 年份数据的 PCA 结果显示，第 1 主成分贡献率最大。表现在得分散点图上，两种茶叶可以靠第

1 主成分得分加以区分。

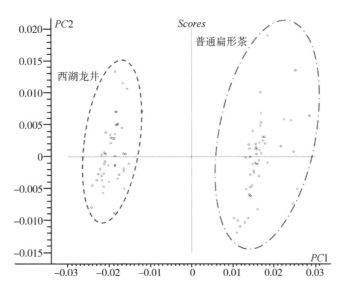

图 4.2 第 1 年份茶叶样品近红外光谱数据 PCA 第 1、第 2 主成分得分散点示意

采用 PCA 算法对第 2 年份茶叶的近红外光谱数据进行分解。前 3 个主成分的贡献率分别为 61%、28%、6%。前两个主成分可以代表原光谱 89%的信息。选取前 2 个主成分做主成分得分散点图,如图 4.3 所示。由图 4.3 可见,第 2 年份茶叶样品的第 1、第 2 主成分得分可以分为 2 个部分。相对第 1 年份茶叶近红外光谱数据的 PCA 结果,第 2 年份茶叶样品的区别有所减小,第 1 主成分得分贡献率相对降低,第 2 主成分贡献率相对增高。表现在得分散点图上,仅靠第 1 主成分得分不可以完全将两种茶叶加以区分。

上述结果表明,虽然"西湖龙井"和普通扁形茶在外观乃至近红外光谱上非常相似以至于难以直接分辨,但是两种茶叶可以通过 PCA 的得分特征加以区别,亦即采用近红外光谱对真伪"西湖龙井"进行鉴别是具有可行性的。上述结果也是建立"西湖龙井"真伪鉴别模型的数学依据。

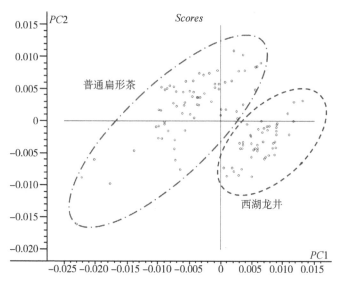

图 4.3　第 2 年份茶叶样品近红外光谱数据 PCA 第 1、第 2 主成分得分散点示意

主成分分析（Principal Component Analysis，PCA）算法可以提取数据的主要特征，在一定程度上将两种茶叶加以区分。基于此，分别针对第 1 年份、第 2 年份茶叶样品，根据各自的 PCA 得分特征，挑选外部验证集。第 1 年份茶叶样品，"西湖龙井"校正集 31 个，外部验证集 15 个；普通扁形茶校正集 36 个，外部验证集 17 个；第 2 年份茶叶样品，"西湖龙井"校正集 38 个，外部验证集 19 个；普通扁形茶校正集 41 个，外部验证集 20 个。

一般而言，PCA 算法只针对纯粹数据特征进行分解。化学组成较为复杂的农产品一般具有复杂的基质（本底）。这时仅采用 PCA 算法往往不能得到所期望的结果。因此，针对"西湖龙井"真伪鉴别问题，采用 PLS-DA 算法建立鉴别模型。具体做法是，将"西湖龙井"茶的近红外光谱数据赋化学值为"-1"，普通扁形茶的近红外光谱数据赋化学值为"+1"，采用 PLS 算法将光谱数据和化学值相关联，建立 PLS-DA 模型。第 1、第 2 年份西湖龙井茶

PLS-DA 模型结果如表4.1所示。

表4.1 单一年份样品 PLS-DA 模型结果

年份	模型维数	校正集西湖龙井正确率（%）	校正集普通扁形茶正确率（%）	交互验证集西湖龙井正确率（%）	交互验证集普通扁形茶正确率（%）	外部验证集西湖龙井正确率（%）	外部验证集普通扁形茶正确率（%）
1	3	100	100	100	100	100	100
2	8	100	100	100	100	100	100

通过表4.1数据可见，第2年份模型维数较第1年份模型维数增大，说明第2年份"西湖龙井"茶真伪鉴别模型的复杂程度更高，即第2年份的"西湖龙井"和普通扁形茶的差异较第1年份的差异小，建立识别模型的难度增大。表4.1中的数据显示，对于单一年份样品，PLS-DA 模型具有较高的正确识别率。

第三节 "西湖龙井"茶真伪鉴别模型的维护

实际工作中，经常遇到的情况是，茶叶样品由于年份跨度原因，不同年份种植条件变化导致茶叶内部化学环境不一致，进而导致所建模型无法进行准确预测，即模型不适应。

采用第1年份模型预测第2年份的外部验证集，同时采用第2年份模型预测第1年份的外部验证集，所得结果如表4.2所示。

表4.2 不同年份模型交叉预测外部验证集结果

模型年份	验证集年份	外部验证集西湖龙井正确率（%）	外部验证集普通扁形茶正确率（%）
1	2	0	100
2	1	13	100

由表 4.2 数据可见，不同年份模型交叉预测外部验证集，"西湖龙井"正确率很低。造成上述结果的主要原因是不同年份样品之间存在一定的差异，进而导致模型不适应。由此可见，对"西湖龙井"真伪鉴别模型，基于单一年份数据所建的模型不可随意用来预测不同年份的样品。

为克服年份差异带来的模型不适应，将第 1 年份、第 2 年份校正集样品的近红外光谱数据一起建立校正模型；对第 2 年份不同保存期茶叶样品，分别采用第 1 次采集和第 2 次采集的茶叶样品近红外光谱数据建立校正模型。

首先将第 1 年份和第 2 年份的校正集一起做 PCA 分解，前 3 个主成分的贡献率分别为 79%、13%、5%。前 2 个主成分可以代表样品 92%的信息，两年度茶叶光谱数据 PCA 第 1、第 2 主成分得分散点图如图 4.4 所示。

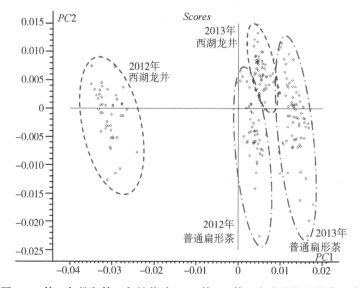

图 4.4　第 1 年份和第 2 年份茶叶 PCA 第 1、第 2 主成分得分散点示意

由图4.4可见，第1年份和第2年份普通扁形茶的前2个主成分得分相对较为接近，而第1年份和第2年份西湖龙井的前2个主成分得分相对较远。因此采用单一年份模型预测不同年份样品时，普通扁形茶的正确率较高，而西湖龙井的正确率很低。由于不同年份西湖龙井和普通扁形茶的前2个主成分得分分布区域不同，因此如果采用单一年份的模型预测不同年份的样品，所得结果难以保证其正确性。

采用两年茶叶样品的校正集一起建立 PLS-DA 模型，并对两年的外部验证集进行预测。模型结果如表4.3所示。

表4.3 两年样品 PLS-DA 模型结果

模型维数	校正集西湖龙井正确率（%）	校正集普通扁形茶正确率（%）	交互验证集西湖龙井正确率（%）	交互验证集普通扁形茶正确率（%）	外部验证集西湖龙井正确率（%）	外部验证集普通扁形茶正确率（%）
9	100	100	100	100	100	100

表4.3数据表明，将两个年份茶叶样品一起建立的 PLS-DA 模型，对两个年份的"西湖龙井"茶以及普通扁形茶样品皆有较高的正确识别率。

另外，当茶叶保存过程中，即使同一年份茶叶冷冻保存，由于保存条件等外部环境影响，也会导致模型不适应。

针对第2年份采集的茶叶样品，分别在样品采集后、样品冷冻3个月保存后进行第1次采集和第2次采集近红外光谱数据。分别基于第2年份第1次采集茶叶样品近红外光谱数据、第2年份第2次采集茶叶样品近红外光谱数据建立 PLD-DA 模型，对不同保存期茶叶样品的外部验证集进行交互验证，结果如表4.4所示。

表 4.4 不同保存期模型交互预测外部验证集结果

校正集数据 采集时间	验证集数据 采集时间	外部验证集西湖龙井 正确率（%）	外部验证集普通扁形茶 正确率（%）
第 2 年份 第 1 次采集	第 2 年份 第 1 次采集	100	100
第 2 年份 第 1 次采集	第 2 年份 第 2 次采集	0	50
第 2 年份 第 2 次采集	第 2 年份 第 1 次采集	100	25
第 2 年份 第 2 次采集	第 2 年份 第 2 次采集	100	100

由表 4.4 数据可见，即使冷冻保存，不同保存期茶叶样品的模型交叉预测，模型不适应依然非常明显。然而，相同保存期茶叶样品模型预测同时期茶叶样品，正确率皆可达到 100%。这说明随着保存期的延长，外部环境亦会对茶叶的化学成分产生影响，导致模型交叉预测结果不准确。

针对上述问题，为克服不同保存期"西湖龙井"茶叶的模型不适应，采用以下步骤对鉴别模型加以维护。

将第 2 年份样品的第 1 次、第 2 次采集的校正集样品光谱一起做 PCA 分解。模型的前 3 个主成分贡献率分别为 78%、15%、3%。前 2 个主成分可以代表样品 93% 的信息，前 2 个主成分得分散点图如图 4.5 所示。

通过图 4.5 可见，"西湖龙井"茶在冷冻保存 3 个月后，光谱数据 PCA 的前 2 主成分得分分布的移动距离较小；普通扁形茶在冷冻保存 3 个月后，光谱数据 PCA 的前 2 主成分得分分布发生了较大的移动，且散点区域有所扩大。从散点图的分布趋势分析，普通扁形茶类间距离、类内距离皆有所增大，而"西湖龙井"茶的类间距离、类内距离变化较小。该结果表明，"西湖龙井"茶的

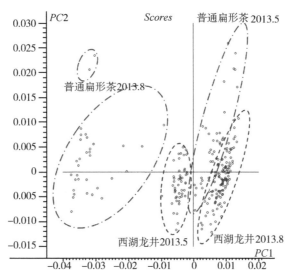

图 4.5 第 2 年份茶叶第 1、第 2 次采集光谱 PCA 第 1、第 2 主成分得分散点示意

化学性质较普通扁形茶稳定,在冷冻保存 3 个月后,性质变化不大;而普通扁形茶即使在冷冻保存的条件下,3 个月后发生了较大的变异,且性质变化趋势不尽一致。

将两个保存期茶叶样品的校正集一起建立 PLS-DA 模型,并分别对两个保存期的外部验证集进行预测,所得结果如表 4.5 所示。

表 4.5 不同保存期样品 PLS-DA 模型结果

模型维数	校正集西湖龙井正确率(%)	校正集普通扁形茶正确率(%)	交互验证集西湖龙井正确率(%)	交互验证集普通扁形茶正确率(%)	外部验证集西湖龙井正确率(%)	外部验证集普通扁形茶正确率(%)
10	100	100	100	100	100	100

表 4.5 数据表明,采用不同保存期茶叶共同建立 PLS-DA 模型,对不同保存期茶叶的预测正确率较高。

第四节 "西湖龙井"茶真伪鉴别
模型的优化与判定

将项目期 5 年内全部茶叶样品近红外光谱数据根据本章第 2 节、第 3 节所述方法建立西湖龙井茶真伪鉴别模型，并对模型进行维护；进一步采用一阶导数（预处理）对模型进行优化。对所建模型记录模型维数、校正集正确率、交互验证集正确率。采用 PLS-DA 算法建立西湖龙井茶真伪鉴别模型，模型结果如表 4.6 所示。

表 4.6 西湖龙井茶近红外光谱定性鉴别模型结果

波数范围 (cm⁻¹)	原光谱模型				一阶导数光谱模型			
	西湖龙井校正集正确率 (%)	西湖龙井交互验证集正确率 (%)	普通扁形茶校正集正确率 (%)	普通扁形茶交互验证集正确率 (%)	西湖龙井校正集正确率 (%)	西湖龙井交互验证集正确率 (%)	普通扁形茶校正集正确率 (%)	普通扁形茶交互验证集正确率 (%)
4 000~12 800	100	90	100	96	100	92	100	98
4 000~5 560	93.4	82	96.7	76	98.4	70	98.4	76
5 560~7 410	100	92	100	82	100	88	100	90
7 410~12 800	100	90	100	94	100	94	100	96

由表 4.6 可见，如果采用全波长范围建立校正模型，无论原光谱模型，或是一阶导数光谱模型，皆可以得到较好的判别效果，说明近红外光谱技术在西湖龙井茶叶真伪鉴别方面具有很大的潜力。然而，全光谱范围的光谱数据量庞大，难以实现将其信息写入产品标签的目的。因此，对茶叶近红外光谱进行有效片段的分割是必要的。由表 4.6 数据可见，基于中、短波近红外光谱所建校正模型仍具有较好的判别效果。

第五节 本章小结

本章内容采用基于线性渐变分光原理的便携式近红外光谱仪对多个年份的"西湖龙井"茶和普通扁形茶采集了近红外光谱。采用 PCA 算法挑选具有代表性的样品作为校正集,采用 PLS-DA 算法结合全交互验证算法建立西湖龙井真伪识别模型,并采用外部验证集对模型性能进行验证。采用多个年份茶叶样品近红外光谱数据建模、不同保存期茶叶样品近红外光谱数据建模的方式对模型进行进一步维护。结果表明,基于线性渐变分光原理的便携式近红外光谱仪所获取的茶叶近红外光谱数据,借助 PLS-DA 算法所建模型具有较好的鉴别"西湖龙井"茶真伪的能力;单一年份样品所建模型对跨年度样品的预测结果正确率较低;将不同年份样品分别纳入校正集进行建模,所建模型对不同年份样品具有较高的正判率;不同保存期样品所建模型对其他保存期样品的预测正确率不高;将各保存期样品皆纳入校正集进行建模,所建模型对不同保存期样品亦具有较高的正判率。模型判定结果表明,全波长范围建立校正模型,无论原光谱模型,或是一阶导数光谱模型,皆可得到较高的判别正确率;基于中、短波近红外光谱数据所建校正模型仍具有较好的判别效果。

第五章 快检设备在"西湖龙井"茶真伪鉴别中的应用

第一节 引言

　　"西湖龙井"茶是中国的"十大名茶"之一，制作工艺复杂，年产量远小于市场需求量，价格也比较昂贵。因此，市场上便有一些不法分子趁机仿造"西湖龙井"茶来赚取违法利益，给消费者的身心健康和市场秩序带来了严重危害。普通消费者通过性状和理化指标鉴别"西湖龙井"茶的真伪具有很大难度，即使是专业的鉴定者也需要丰富的鉴定经验。传统是依靠自身的视觉、嗅觉、味觉等分别对茶的外形、汤色、香气、滋味和叶底进行评价打分，计算茶品质级别。尽管该方法较为经典，但结果易受审评人员自身感觉器官等因素影响，主观性较强，准确性不稳定。

　　在第二章中主要对自行研发的便携式"西湖龙井"茶快速真伪鉴别仪的硬件设计、结构和系统功能进行了详细介绍，但在实际应用中还需要通过对仪器各方面性能进行测试，从而改进仪器中嵌入的模型。为了真正实现"西湖龙井"茶的快速、无损检测，本章拟利用自行研发的仪器对封装和开封的"西湖龙井"茶进行真伪鉴别，测试仪器各方面的性能，从而对嵌入的模型进行改进和优化。

第二节　仪器内嵌模型的构建与优化

由于商品标签二维条码、电子标签容量的限制，不可能把一条光谱上百个数据点都保存起来，而且光谱信息中包含噪声和许多与建模无关的波长点。因此，波长优选能否把"西湖龙井"茶光谱保存进二维条码是至关重要的一步。

由于加工工艺和种类的不同，茶的品质成分含量差异很大，因此不同种类茶的近红外光谱有较大的差异性，往往比较容易进行区分。而"西湖龙井"茶和其他以龙井茶加工工艺制成的扁形茶，因其加工工艺往往相同，其光谱的相似度很高。利用传统的判别方法如主成分分析法（PCA）等往往很难将其分开，且聚合度不好，分布存在不规律性，难以对"西湖龙井"茶的真伪进行快速鉴定。因此，本文选用CARS算法优选波长，近红外光谱通常由大量数据点构成，建模时波长点数远多于样品数，因此光谱共线性非常严重，CARS方法模拟达尔文的进化理论中的"适者生存"原则，每次通过自适应重加权采样技术筛选出PLS模型中的回归系数绝对值大的波长点，去掉权重小的波长点，利用交互检验（CV）选出模型交互验证均方差（RMSECV）值最低的子集，可有效选择与所测性质相关的最优波长组合。从上述比较可知，3点平滑二阶导数预处理光谱所建立的"西湖龙井"茶真伪鉴别的PLS-DA判别模型性能最优，因此变量选用针对该方案预处理后的光谱。

图 5.1 为 CARS 算法筛选波长点的过程。图 5.1（A）为波长点筛选过程中被选中波长点数量的变化趋势，从图中可以看出，随着采样次数的增加被选中波长点数量逐渐下降，首先是快速下降，随着运行次数增长，下降速度逐渐变慢，体现了波长点粗选和精选两个过程。图 5.1（B）为波长点筛选过程中交互验证错误率的变化趋势，从图中可以看出，在 40 次采样前，交互验证错误率维持在 0，表明筛选过程中剔除的波长点信息与鉴别真伪"西湖龙井"茶无关；在 40 次采样以后，交互验证错误率逐渐增大，表

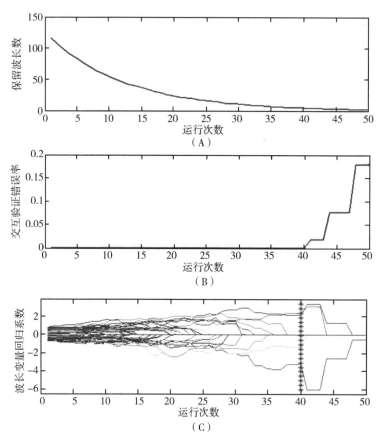

图 5.1　CARS 算法优选过程

明筛选过程中开始剔除与鉴别真伪"西湖龙井"茶相关的重要波长点，从而导致交互验证错误率上升。图5.1（C）为波长点筛选过程中，各波长变量回归系数的变化趋势，依据交互验证错误率最小的情况下，尽可能减少波长数原则。图5.1（C）中，"＊"所对应的位置为40次采样，最终筛选出5个波长点。

"西湖龙井"茶与浙江龙井茶区分信息相关的重要波长点如表5.1所示。由于光谱平滑需要略去前后等于"0"的波长点，因此，建模第1个波长点对应实际波长点为"932.9nm"。表5.3中相对位置"55"代表其相对第1个波长点，后的第55个波长点，其实际波长为1 267.4nm。便携式近红外光谱"西湖龙井"茶快速真伪鉴别仪优选出实际波长点如表5.1所示。

表5.1 直接采集光谱CARS算法优选波长点

相对位置	55	56	59	61	116
实际波长（nm）	1 267.4	1 273.6	1 292.2	1 304.5	1 645.2

由表5.1可以看出，经CARS算法优选后二阶导数光谱所建模型与未经CARS优化的模型相比，CARS优选出波长的模型，在正判率不降低的情况下，大幅减小了建模的变量。从表5.2中可以看出，建模变量数由CARS优化前的117减少为只有5个。

表5.2 直接采集光谱CARS算法对于模型性能的影响

方法	变量数	主因子数	正判率（%）
PLS-DA	117	4	100.00
CARS-PLS-DA	5	3	100.00

以下为"西湖龙井"茶真伪鉴别过程：首先，通过"西湖龙井"茶快速真伪鉴别仪控制程序控制Micro NIR 1700微型光谱仪，

获取待鉴别样本的近红外光谱，该光谱是由 125 个波长点所组成，光谱范围在 908.1～1 676.2 nm；其次，对该光谱进行 3 点平滑，并求取二阶导数光谱。光谱预处理后，前后各存在光强等于 0 的波长点，剔除这些点，然后通过程序内筛选函数，提取所需的 5 个关键波长点（图 5.2）；最后，利用程序内嵌判别模型的均值和方差，对这 5 个点，进行自标度化处理，并将处理结果带入判别式，如果大于零，该光谱可能为 "西湖龙井" 茶，需与二维条码解码所得的结果进行比较，做进一步的判断。

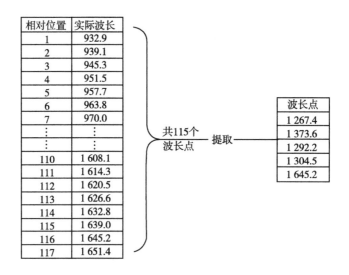

图 5.2　微型光谱仪光谱提取过程

应用近红外光谱仪现场获取被测茶叶光谱信息，与电子标签存储茶叶信息比较判别，最终得出茶叶产地，生产单位、生产批号、生产日期，近红外光谱仪内部结构和鉴定过程如图 5.3 所示。

数据库平台：Microsoft Access 2010；

开发语言：C#、C++；

开发环境：Microsoft Visual Studio 2010。

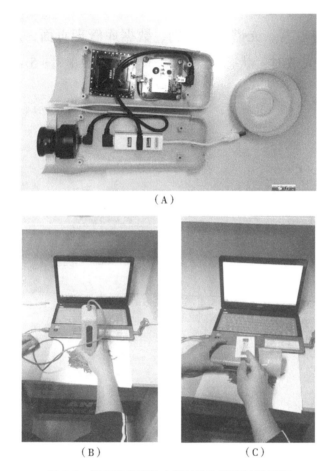

（A）

（B）　　　　　　　　　（C）

图5.3　近红外光谱仪内部结构和鉴定过程示意

第三节　"西湖龙井"茶真伪鉴别过程

1. 软件系统主界面

系统刚运行时，首先需要用户选择 RFID 模块与电脑的通信端口，选择正确的端口后，点击连接，如果连接失败，状态栏显示连接失败，连接成功时，状态栏显示连接成功和当前通信端口名。

主界面分为连接窗口和功能窗口，其中功能窗口包括了导航按钮页、标签读/写、光谱真伪鉴别、数据库管理页面，用户管理系统入口连接失败时，状态栏显示"连接失败"，如图5.4所示。

图5.4　连接失败时界面

连接成功时如图5.5所示。

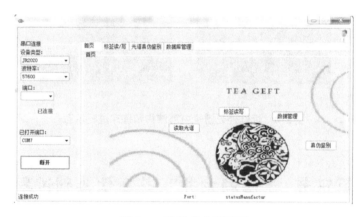

图5.5　连接成功时界面

2. 功能窗口简介

首页即导航页。

首页包含了标签读写、读取光谱、真伪鉴别、数据管理按钮，当用户点击不同的标签时，系统导航到相应的功能页面。

3. 标签读写界面简介

当用户点击读取数据时，系统导航到标签的读/写界面，如果没有标签时点击读取数据，系统会弹出警告窗口，提示用户当前RFID没有检测到标签。

当标签中的数据信息正确时，系统会弹出茶叶的信息对话框，显示茶叶的名称、生产单位、生产批号、生产日期，系统可以连续读取标签，茶叶信息对话框如图5.6所示。

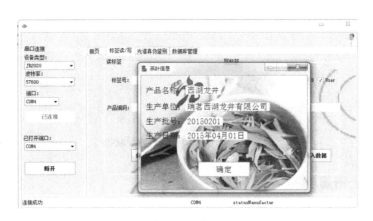

图5.6　样本为正品鉴定结果时状态

4. 读取光谱界面简介

当用户点击读取光谱按钮时，系统显示光谱获取窗体。光谱的读取采用的是 Micro NIR 1700 Spectrometer 近红外光谱仪，其体积小、重量轻，便于集成到其他装备中。光谱数据可以保存为 csv 和 excel 格式，该系统动态监测光谱仪是否与系统连接，未连接时，禁止用户采集数据。

当光谱仪与系统连接成功时，左下角状态栏显示仪器连接成功，允许用户采集数据。

茶叶的光谱读取分为 3 步。第 1 步是暗电流采集，在不开灯时测得的光谱数据即背景值；第 2 步是 100% 光景值，在开灯且灯光方向照向一块约 2cm 聚四氟乙烯白板时测得的光谱值；第 3 步是样品光谱值，在开灯且灯光方向照向待测样品时测得的光谱值。图 5.7 所示为一次采集的效果图。

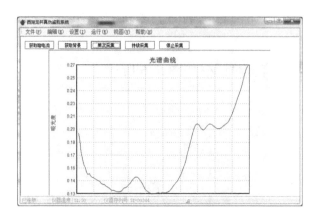

图 5.7　单次采集数据时效果状态

5. 光谱真伪鉴别

用户没有进行光谱数据读取时进入真伪鉴别的界面如图 5.8 所示。

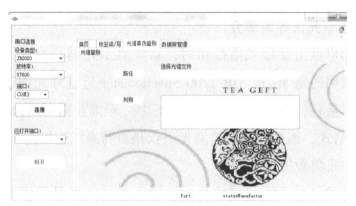

图 5.8　无光谱数据读入时效果状态

进行了光谱数据采集后再次进入界面如图 5.9 所示。

图 5.9　数据成功采集后效果状态

点击判别按钮时如图 5.10 所示，由于光谱数据为真实的茶叶数据，因此判别结果为真，效果图见 5.10。

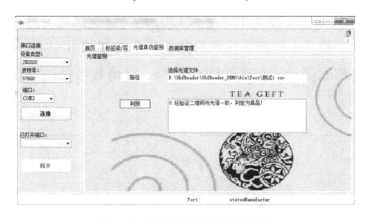

图 5.10　鉴定结果为真实效果状态

第四节　透过自封袋测量与直接测量龙井茶光谱比较

上述对"西湖龙井"茶的鉴定需要对已经包装好的样品进行

拆封，消费者需要购买后才可以鉴定所购买的"西湖龙井"茶的真伪，这也会增加"西湖龙井"茶的鉴定成本。因此研究又提出了一种透过自封袋直接对"西湖龙井"茶进行鉴定的方法，此举可以有效降低鉴定成本。

图 5.11、图 5.12 为法布里干涉型光谱仪直接测量与透过自封袋测量龙井茶的近红外光谱，其中图 5.11（A）、图 5.12（A）为直接测量方法采集到的龙井茶光谱数据；图 5.11（B）、图 5.12（B）为透过自封袋测量方法采集到的龙井茶光谱数据。从图中可以看出，透过自封袋测量方法有明显的干扰峰出现，干扰峰主要出现在 5 775cm^{-1}（1 731nm）、5 665cm^{-1}（1 765nm）、4 323cm^{-1}、4 252cm^{-1}。实验还采集了聚乙烯自封袋的近红外光谱（图 5.10），分别对比龙井茶光谱干扰峰与聚乙烯自封袋的光谱吸收峰（图 5.11b 与图 5.13a，图 5.12b 与 5.13b），发现干扰峰位置与自封袋吸收峰相一致。上述四个吸收峰分别为聚乙烯成分中 C-H 化学键的不对称伸缩振动、对称伸缩振动的一级倍频吸收以及合频吸收所造成的。

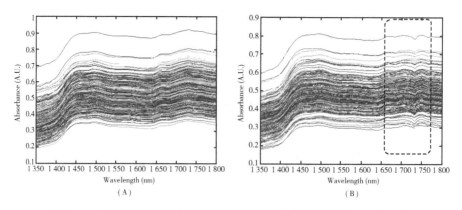

图 5.11 法布里干涉型光谱仪直接测量与透过自封袋测量近红外光谱

由上述分析得出，虽然采用同一批次的聚乙烯自封袋（标准厚度0.08mm），但每个自封袋厚度还是有细小的差异。龙井茶装袋样本测量前，虽统一扣除一个同一批次的聚乙烯自封袋光谱作为背景光谱，但每个自封袋细小的厚度的差异，却在龙井茶光谱上产生很明显的光谱差距，进而严重影响真伪鉴别"西湖龙井"茶模型的效果。

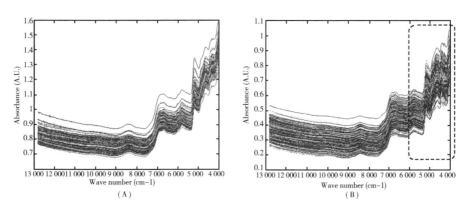

图 5.12　傅里叶变换型光谱仪直接测量与透过自封袋测量近红外光谱

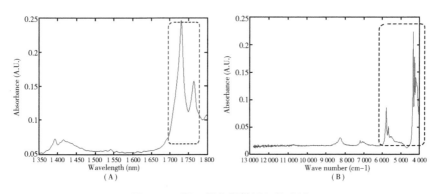

图 5.13　聚乙烯自封袋近红外光谱

第五节　透过自封袋真伪"西湖龙井"茶模型构建与优化

　　针对聚乙烯自封袋厚度细微差距问题，本节提出一种改进型的龙井茶光谱测量方法，即每次透过单层自封袋测量龙井茶近红外光谱时，采集其空白自封袋的近红外光谱作为光谱背景。不同的聚乙烯自封袋厚度存在细微的差距，但同一个自封袋相距几厘米之内厚度的细微差距很小。针对这种设想可以设计一种专用的"西湖龙井"茶包装袋（图5.14），其包装袋的封边外，专门留出一小块区域用于光谱仪的光谱背景测量。由于背景部分包装袋与包装袋圆孔部分使用相同一块聚乙烯材料制成且相距只有几厘米，因此厚度最为接近。图中圆孔部分与包装袋其他部分采用同一块聚乙烯材料制作，只是圆孔部分未经过印刷喷涂处理。因此，这种测量方式可以最大限度去除因聚乙烯包装袋厚度细微差距对龙井茶近红外光谱的影响。

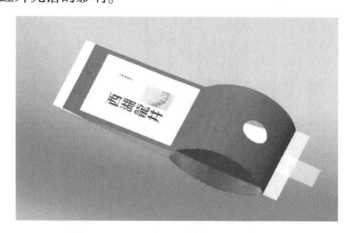

图5.14　"西湖龙井"茶专用包装袋示意

本节尝试采用 Micro NIR 1700 微型光谱仪对覆盖塑料包装的"西湖龙井"茶与浙江龙井茶进行分类建模。

1. 实验材料

"西湖龙井"茶与浙江龙井茶样本来源同前；7 号自封袋（材料：聚乙烯；规格：200mm×140mm；厚度：0.08mm）。

2. 光谱的采集方式

本实验利用培养皿装满龙井茶样本，并在培养皿表面覆盖单层自封袋薄膜，进而采集龙井茶样本的漫反射近红外光谱。龙井茶光谱采集方法如图 5.15 所示，聚乙烯自封袋薄膜尽量保持平整，Micro NIR 1700 微型光谱仪紧贴自封袋薄膜采集光谱。

图 5.15　龙井茶样本透过单层自封袋薄膜采集近红外光谱工作

测试主要步骤如下。

（1）自封袋沿封边剪开，每个龙井茶样本对应一个自封袋。

（2）利用每个样本单层自封袋薄膜和白板作为光谱仪"100%背景"。

（3）每个龙井茶样本光谱采集前，首先采集所对应样本自封袋的光谱。

3. 实验方法

（1）仪器。Micro NIR 1700 微型近红外光谱仪，美国 JDSU 公司。

（2）样本光谱采集前处理条件。茶叶不用打碎，磨粉等前处理，采集时室温在 22℃左右，实验室湿度保持稳定。

（3）样本近红外光谱扫描。扫描的波长有效范围为 908.1～1 676.2nm；扫描速度为 200 次/秒，采样间隔为 6.194nm，分辨率≤12.5nm。每个样本重复装样、扫描 3 次，取其平均值作为光谱数值，以 xls 格式保存（Excel 工作表）。

如图 5.16 所示，图中每一条曲线对应一个龙井茶样本的光谱，它是通过对每个样本重复 3 次装样测量，求取的平均光谱，其中红色曲线代表"西湖龙井"茶，绿色曲线代表浙江龙井茶。

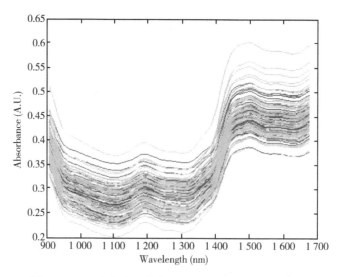

图 5.16 "西湖龙井"茶与浙江龙井茶 Micro NIR 1700 光谱仪采集 3 次平均原始光谱

4. 真伪鉴别"西湖龙井"茶模型构建与优化

（1）异常样本剔除。本实验不做异常样本剔除，全部样本参与建模。

（2）光谱预处理方法优选。下面比较在 3 点、5 点、7 点、9 点平滑预处理下原始光谱，一阶导数光谱与二阶导数光谱的建模效果，找出对于真伪鉴别"西湖龙井"茶模型的最优预处理方案，预处理方法优选过程如下。

如图 5.17～图 5.19 所示，为 Micro NIR 1700 微型光谱仪采集光谱，在 3 点、5 点、7 点、9 点平滑预处理下原始光谱，一阶导数光谱与二阶导数光谱的前三个主成分的得分散点图。其中，蓝色圆点代表"西湖龙井"茶样本，红色圆点代表浙江龙井茶样本，青色平面为判别平面。

从图 5.17～图 5.19 比较可以得出，经过 3 点平滑二阶导数处理的龙井茶近红外光谱前 3 个主成份的得分散点图，区分效果明显好于各个点数平滑处理的原始光谱也好于一阶导数光谱。由于 Micro NIR 1700 光谱仪波长点采样间隔为 6.194nm，相对于 XL410 法布里干涉型近红外光谱仪的 0.5nm 采样间隔，在同样 6.5nm 波长范围内，Micro NIR 1700 光谱仪只采集 2 个波长点数据，而 XL410 光谱仪却可以采集到 13 个波长点数据。Micro NIR 1700 光谱仪采集到的近红外数据进行数据预处理时，由于采集波长点较为稀疏，过高的平滑点数，要跨几十纳米的波长范围，这样大的范围平滑很可能使不同产地龙井茶样本近红外光谱的数据特征变得不明显，因此，由表 5.3 可以看出随着光谱平滑点数的增加，模型性能呈下降趋势。

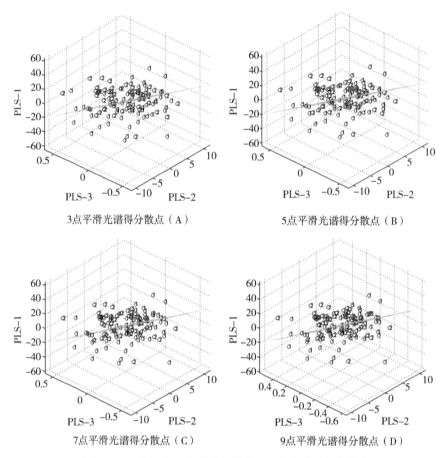

3点平滑光谱得分散点（A）

5点平滑光谱得分散点（B）

7点平滑光谱得分散点（C）

9点平滑光谱得分散点（D）

图 5.17 原始光谱不同平滑点数前 3 个主成分的得分散点

表 5.3 Micro NIR 1700 光谱仪不同预处理方法的模型性能指标

	前 3 主成分正判率（%）	最优主成分正判率（%）	交互验证最优主因子数
Smooth（3）	62.71	85.59	8
Smooth（5）	61.86	85.59	8
Smooth（7）	61.86	85.59	8
Smooth（9）	62.71	84.75	9
1st−3 derivative	66.10	89.83	8
1st−5 derivative	64.41	88.14	8
1st−7 derivative	66.95	87.29	6

（续表）

	前3主成分正判率（%）	最优主成分正判率（%）	交互验证最优主因子数
1st-9 derivative	68.64	78.81	6
2nd-3 derivative	75.42	90.68	8
2nd-5 derivative	74.58	84.75	8
2nd-7 derivative	73.73	83.90	8
2nd-9 derivative	70.34	81.36	8

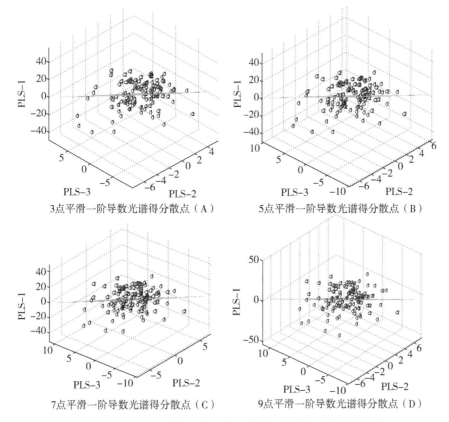

3点平滑一阶导数光谱得分散点（A）　　5点平滑一阶导数光谱得分散点（B）

7点平滑一阶导数光谱得分散点（C）　　9点平滑一阶导数光谱得分散点（D）

图5.18　不同平滑点数一阶导数光谱前3个主成分的得分散点

（3）数据处理与模型优化。本研究选用CARS算法优选波长。从上述比较可知，3点平滑二阶导数光谱所建立的"西湖龙井"茶

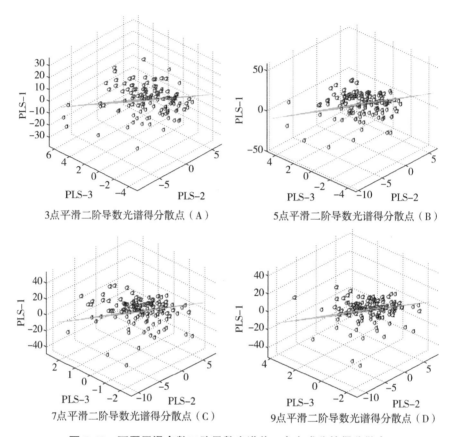

3点平滑二阶导数光谱得分散点（A）　　5点平滑二阶导数光谱得分散点（B）

7点平滑二阶导数光谱得分散点（C）　　9点平滑二阶导数光谱得分散点（D）

图5.19　不同平滑点数二阶导数光谱前3个主成分的得分散点

真伪鉴别的 PLS-DA 判别模型性能最优，因此变量优选针对3点平滑二阶导数光谱。

图5.20为 CARS 方法的波长点筛选过程。图5.20（A）为波长点筛选过程中被选中波长点数量的变化趋势。从图5.20（A）中可以看出，随着采样次数的增加被选中波长点数量逐渐下降，首先是快速下降，随着运行次数增长，下降速度逐渐变慢，体现了波长点粗选和精选两个过程。图5.20（B）为波长点筛选过程中交互验证错误率的变化趋势，从图中可以看出，在16次采样前，

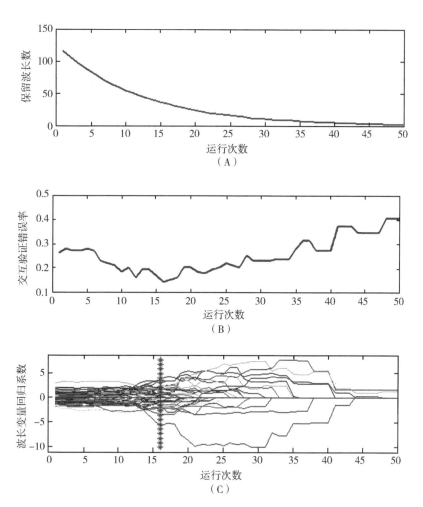

图 5.20 CARS 变量选择过程

交互验证错误率逐渐减小趋势，表明筛选过程中剔除的波长点信息与鉴别真伪"西湖龙井"茶无关；当 16 次采样时，交互验证错误率达到最小；在 16 次采样以后，交互验证错误率逐渐增大趋势，表明筛选过程中开始剔除与鉴别真伪"西湖龙井"茶相关的重要波长点，从而导致交互验证错误率上升。图 5.20（C）为波长点筛选过程中，各波长变量回归系数的变化趋势，依据在交互验证错误率最小的情况下，并且保留尽可能少波长数原则。图 5.20 (C) 中，"*" 所对应的位置为 16 次采样，最终选择 34 个波长点。

"西湖龙井" 茶与浙江龙井茶区分信息相关的重要波长点如表 5.4 所示。由于光谱平滑需要略去前后等于 "0" 的波长点，因此，建模第 1 个波长点对应实际波长点为 "932.9nm"。表 5.4 为两组龙井茶样本透过单层自封袋薄膜采集光谱，优选出的关键建模波长点。

表 5.4　透过单层自封袋薄膜采集光谱 CARS 方法选中波长点

相对位置	实际波长点（nm）	相对位置	实际波长点（nm）
3	945.3	58	1 286.0
18	1 038.2	61	1 304.5
24	1 075.3	63	1 316.9
27	1 093.9	65	1 329.3
32	1 124.9	72	1 372.7
36	1 149.7	73	1 378.9
37	1 155.9	76	1 397.5
41	1 180.7	77	1 403.6
43	1 193.0	81	1 428.4
45	1 205.4	82	1 434.6
46	1 211.6	85	1 453.2
48	1 224.0	87	1 465.6
49	1 230.2	89	1 478.0
50	1 236.4	98	1 533.7
52	1 248.8	100	1 546.1
53	1 255.0	114	1 632.8
54	1 261.2	116	1 645.2

由表 5.4 可以看出，经 CARS 方法优选后一阶导数光谱所建模型与未经 CARS 优化的模型相比，CARS 优选出波长的模型的正判

率不降低的情况下，减少了建模变量数目。从表5.5中可以看出，建模变量数由 CARS 优化前的 117 减少为 34 个。

表5.5 透过自封袋采集光谱 CARS 方法对于模型性能的影响

方法	变量数	正判率（%）
PLS-DA	117	90.68
CARS-PLS-DA	34	90.68

虽然经过多种预处理方法与 CARS 方法的变量优选，但是正判率仍然不是很高，因此，还不能将该模型植入便携式近红外光谱"西湖龙井"茶快速真伪鉴别仪。下一步可以更深入系统的选择多种不同的包装材料，进行龙井茶近红外光谱测量，找出对龙井茶光谱影响更小的包装材料。

5. 透过自封袋测量与直接测量真伪"西湖龙井"茶模型比较

由表5.6可以看出，透过自封袋与直接测量方法比较的结果，对于 CARS 方法优选的关键波长，其中两个波长点完全一致，其他3个波长点仅有微小的偏移，这可能由于透过自封袋测量会产生干涉现象，影响光谱质量，进而造成特征波长点的细微偏移。

表5.6 两种测量方法关键波长点比较

直接测量		透过自封袋测量	
相对位置	实际波长点（nm）	相对位置	实际波长点（nm）
55	1 267.4	53	1 255.0
56	1 273.6	54	1 261.2
59	1 292.2	58	1 286.0
61	1 304.5	61	1 304.5
116	1 645.2	116	1 645.2

第六章 技术前景展望

近红外光谱分析技术作为一种快速、无损、绿色的分析技术，在最近几十年来成为研究的热点，并在农业、食品、药物、医学、石化、环境科学等多种行业的质量检验、过程控制中得到了广泛的应用。近红外光谱分析技术随着仪器制造技术的发展和化学计量学的深入研究而不断发展。本项目实现了利用近红外光谱分析技术进行高附加值茶叶的定性鉴别工作，在该技术应用基础上，可以进一步推动其他高附加值和名特优新农产品的溯源和鉴别工作。将近红外设备作为一个检测器，与对应的模型软件相契合，可开发出多种专用便携式的设备，提高产品分级、收购、鉴别等多个环节的检测效率和监测力度，降低检测成本的同时，也可大大提高产品质量保障，加强对市场假冒伪劣商品的打击力度。

一、近红外光谱在鉴定真伪场景中的应用

利用近红外进行真伪判定、有无判定，因其参数少、大多情况下不需要测量化学值，建模成本低，模型可信度高等优点，近年受到众多企业和科研的重视，使用和应用范围也在不断扩大。学者们通过对近红外的识别应用单位进行研究，提出和建立了一系列的实际应用模型/方法。周健等提出了一种模型，用以进行"西湖龙井"茶鉴别的新方法，结果表明，分别对"西湖龙井"茶

和其他地区以龙井加工工艺制成的扁形茶全区域的近红外原始光谱进行赋值，采用 PLS 法建立了西湖龙井的预测模型（主成分数为 15），通过预测值和西湖龙井的临界值进行比对，实现了对"西湖龙井"茶真伪的准确鉴定。对 70 份定标样品和 24 份外部验证未知样品鉴定结果的准确率都达到了 100%，证明利用定量分析的 PLS 法建立的模型，能有效准确地进行"西湖龙井"茶的真伪鉴定。黄必胜等利用近红外特征谱段相关系数法建立定性模型，对药材中真伪龙齿进行快速鉴别：在传统性状鉴别的基础上，使用近红外光谱仪的光纤附件采集光谱，以正品龙齿的近红外光谱为参照光谱，选择 5 000～4 200cm^{-1} 谱段为特征谱段，计算训练集样品中真伪龙齿的相关系数，设定阈值为 92.67%，用 10 批验证集样品对模型进行验证，预测正确率为 90%，得出利用近红外特征谱段相关系数法建立的定性鉴别模型具有较好的预测能力，可以作为快速鉴别真伪龙齿的方法。梁亮等利用 ASDFieldSpec3 地物光谱仪采集了 5 种稻米的光谱数据，各获取 35 个样本，对市场上 5 种稻米进行了鉴别；随机分成训练集（15 份）和检验集（25 份），并分别采取全波段与特征波段（400～500nm、910～1 400nm 与 1 940～2 300nm）两种方法建立模型进行分析；光谱经 S. Golay 平滑和标准归一化（SNV）处理后，以主成分分析法（PCA）降维，将降维所得的前 9 个主成分数据作为 BP 人工神经网络（BP-ANN）的输入变量，稻米品种作为输出变量，建立 3 层 BP-ANN 鉴别模型；利用 25 个未知样对模型进行检验，结果表明两类模型预测准确率均高达 100%，其中特征波段模型比全波段模型具有更高的预测精度，说明利用可见/近红外技术结合 PCA-BP 神经网络分析法进行稻米品种与真伪的快速、无损鉴别是可行的，且提取特征波段是优化模型的有效方法之一。李庆等利用云端-互联便携式近红外技术结合化学计量学对名贵药材西红花与其常见伪品（红花、玉米须、莲须、菊花、纸浆）和掺伪品进行现场快速真伪鉴别及掺伪量的定量预测；用移动手机控制的 PV500R-Ⅰ 便携式近红外仪采集西红花与其伪品和掺伪品光谱数据，对原始光谱数据进行一阶导、二阶导、三阶导标准正态变量转换和光散射校正前处理；采用偏最小二乘判别分析，分步建立西红花与其伪品、西红花与其掺伪品鉴别模型；结果表明，一个最优模型可将西红花与其五类伪品彼此完全区分；两个最优模型分步区分西红花与其五类掺伪品，外部预测准确率最低为 93%，西红花掺入红花、玉米须、莲须、菊花和纸浆的识别水平分别为 0.5%、0.5%、4.0%、0.5% 和 0.5%；采用偏最小二乘回归对五类西红花掺伪品的掺伪量建立定量预测模型，5 个最优模型的外部预测相关系数范围为 0.920~0.999，RMSEP 范围为 0.005~0.044，当西红花掺入红花、菊花、莲须、纸浆和玉米须的掺伪量大于 8% 时，其外部预测相对误差分别低于 8%、8%、3%、10% 和 5%，表明最终模型能较好地预测西红花掺伪品的掺伪量；基于云端—互联便携式近红外光谱技术所建立的西红花真伪鉴别方法和掺伪品掺伪量预测方法快速准确，经济环保，能满足西红花现场快速无损伤真伪鉴别要求。韩吴琦等建立了快速准确筛查地奥心血康胶囊真伪的方法；用矢量归一化方法，建立地奥心血康胶囊近红外一致性检验模型并进行验证，满足日常督查时药品检测车上使用要求；结果表明，真伪地奥心血康胶囊的近红外光谱一致性指数值差异较大；该方法快速、简便、结果准确，适用于药品现场监督检查时快速筛查地奥心血康胶囊的真伪，可在药品检测车上推广应用。王文佳等建立近红外光谱快速鉴别三磷酸腺苷二钠片真伪的一致性模型方法；该方法在 4 200~12 000cm^{-1} 范围内对三磷酸腺苷二钠片分别进行隔铝塑扫描和直接接触扫描，采用近红外漫反射光谱，运用OPUS 软件通过不同的预处理方法对图谱进行分析，建立一致性检验模型；结果表明，隔铝塑扫描和直接接触使用不同的预处理方法建立的两个一致性模型，均能很好判定结果，准确地对三磷酸腺苷二钠片进行初筛检验。葛炯等为了快速准确地鉴别卷烟的真伪，对 A 牌卷烟进行了近红外光谱扫描，采用光谱因子分析法建立了 A 牌卷烟的鉴别模型，并应用该模型对 A 牌（样品数 88 个）、非 A 牌（样品数 80 个）和假冒 A 牌卷烟（样品数 10 个）进行了鉴别。结果显示，A 牌、非 A 牌和假冒 A 牌卷烟的鉴别准确率分别为 92.0%、96.3% 和 100.0%，平均 94.4%。该模型鉴别的准确性较高，可以作为卷烟真伪鉴别的一种辅助手段。吴昱景等采用近红外漫反射光谱法对不同厂家注射用葛根素进行快速鉴别分析。结果表明，所建立的定性判别模型能够对注射用葛根素的真伪做出准确无误的定性鉴别，该方法方便快速，准确有效，能够满足药品现场快速检查的需要。瞿海斌等采用近红外光谱漫反射光谱技术和模式识别技术快速鉴别阿胶真伪。收集来源不同的阿胶（真品 8 个，伪品 6 个），采集其近红外漫反射光谱，使用多重散射校正和小波变换对光谱进行预处理后，分别应用相似度匹配和马氏距离方法建立质量鉴别模型。相似度法采用真品谱图作为标准谱图，比较样品谱图与标准谱图的相似度值来鉴别阿胶质量；对阿胶样品进行重复扫描得到 28 张谱图，随机分为 3 组后应用马氏距离法建立交叉验证鉴别模型。两种模式识别方法均能准确无误地鉴别阿胶真伪，表明近红外光谱和模式识别技术结合可快速、准确、客观地进行阿胶质量鉴别，可推广到其他中成药的质量鉴别。丁念亚等应用近红外漫反射光谱分析技术对几种常见中药建立了一种简单、快速、有效的分类和真伪鉴别方法。通过渐进窗口式相关系数分析方法得到的相关系数，表征了不同波长下样本近红外光谱的相似程度，从而选择出能区分不同种类中药的特征波长范围，利用 PCA 投影对白芷、葛根、当归、白术等几种外观相似的中药成功地进行了分类，而且对白芷及混有淀粉的模拟伪劣样品也能有效地鉴别。该方法可以作为一种区分药材种类、判断中药真伪的参考方法，在中药质量控制方面具有一定的应用前景。

二、与电子标签的结合技术

本书提出了"物签合一"的概念和想法。针对现有溯源方式存在"只认标签不识物"的片面性，提出：只有标签和产品的真实对应，才能达到溯源的真实效果。"物签合一"既将产品的条码和光谱信息同时存在可读载体上，识别终端不仅可以读码，也可以获取实物的光谱，只有光谱信息一致，才确认实物来源的真实性。

1. 农产品从产地到市场的全供应链真实性识别

我国优质、优势农产品品种多、分布广，这些农产品具有较为明显的地域特征和质量特性，而目前因为缺乏有力的产品追溯和真实性识别技术支撑，难以对优势农产品的质量安全给予鉴别、评价和追溯。通过开发"物签合一"的近红外读写设备，可在产地（生产企业）、市场、消费终端各环节对产品进行跟踪和追溯，开展农产品从产地到市场的全供应链真实性识别，满足不同层次、环节的技术需求。

2. 基于电子标签的农产品真实性识别与追溯便携设备研制

以电子标签作为农产品识别与追溯的信息载体，研发基于电子标签的农产品追溯便携终端设备。突破红外光谱数据电子标签写入、存储、压缩、还原、特征识别等关键技术，集成电子标签读写、GPS 定位、GPRS 通信、电子标签安全密钥等功能，实现低能耗设计、嵌入软件稳定、功能接口齐全的手持终端设备。

3. 基于电子标签的农产品真实性识别与追溯系统研发

集成农产品产地田间档案、特征近红外光谱、农产品流通信息，以电子标签为信息媒介，以便携终端设备和追溯查询网站作为用户交互手段，研发基于电子标签的农产品真实性识别与追溯系统。重点突破追溯系统的业务流程个性化定制技术，实现面向不同企业、不同农产品追溯系统的业务流程重构，在不需要进行二次开发的前提下，支持系统功能结构的灵活扩展。

三、近红外专用设备和软件的开发

本研究重点针对龙井茶等优势农产品，覆盖"公司+农户"的分散生产模式和大型农业企业组织化生产模式，开发了"西湖龙井"茶的专用鉴别设备，在企业和茶园开展应用示范，取得了很好的追溯效果和社会效益。获取的经验可以应用到其他高附加值的产品追溯与真实性识别，如人参、名贵药材、海参、燕窝等高级补品。对于不需追溯产地的普通农产品，可以通过开发专用仪器或模型，定性或半定量地判定产品的质量和等级，如花生、玉米、豆类、干果类、杂粮类等农产品的分级判别。

1. 用于内部质量控制

企业内部对产品、原料的质量控制，往往需要使用操作简便、检测成本低、数据结果实时或快速、对操作人员要求不高的技术和设备。近红外检测技术可以满足快速、低成本、实时出结果的需要，对操作人员通过简单培训即可完成；在原料检测、各生产线环节质量监控中都可发挥作用，如原料奶、谷物、饲料、油料等以有机成分为主的原料检测，并且可以实现在线实时监控，同时也满足单一产品分级、质量监控的需要。

2. 满足便携式、移动检测的需要

越来越多的行业注重产品的质量和安全。粮食、饲料、石油、医药、食品加工等行业都有对产品以及原料出门、入门质量标准的要求，比如原料收购现场、仓储现场、提货现场、售卖现场、田间地头等，需要高效快速地对目标物质量进行初步判定，而轻便轻巧、便于移动的近红外专用检测设备，将进一步得到使用者的认可和青睐。

四、与云存储技术结合的数据共享和远程模型修正

近红外光谱技术的一个共性难点是模型的转移、维护和修正。作为专用的仪器设备，如果模型发生了变化，可利用现在的云存储或远程控制功能，对异地的设备进行调整、模型替换和修正，方便了维护人员和使用人员之间的人机交流。即便同一型号的设备安装相同的模型，检测结果也往往会有差异，这就需要对不同设备上的模型进行修正，可通过系数法、截距法等手段，对模型不同参数进行调整，以达到测定或判定结果在误差范围内。云存储和远程控制功能，进一步方便了仪器设备的维护、培训、调试，在溯源方面，也可以通过云存储数据库进行比对，减少多方建库的重复工作和资源浪费，降低了该方面的成本，这也是近红外设备的未来优势之一。

参考文献

包瑶，柳建良，钟玉鸣，等，2020. 傅里叶近红外光谱法测定桃果中果胶含量 [J]. 食品质量安全检测学报，11（20）：7 233-7 240.

陈依晴，孙发哲，2020. 近红外光谱技术在中药质量检测中的应用 [J]. 轻工科技，36（11）：77-78，85.

邓勋飞，吕晓男，郑素英，等，2008. 基于 GIS 的农产品安全溯源体系 [J]. 农业工程学报，24（增刊2）：172-176.

邓勋飞，王开荣，吕晓男，等，2009. 基于 GIS 技术的农产品产地编码研究与应用 [J]. 浙江大学学报（农业与生命科学版），35（1）：93-97.

冯汉禄，黄颖为，牛晓娇，等，2011. QR 码纠错码原理及实现 [J]. 计算机应用，31（6）：40-42.

高升，王巧华，施行，等，2020. 便携式红提多品质可见/近红外检测仪器设计与试验 [J]. 农业机械学报，12-19.

古银花，2013. 手机二维码在农产品溯源中的应用研究 [J]. 市场研究，4：20-21.

郭涛，黄右琴，郭龙，等，2020. 利用近红外光谱技术快速预测苜蓿干草营养成分含量 [J]. 草业科学，37（11）：

2 374-2 381.

郭志明，2011. 近红外光谱法测定茶叶中游离氨基酸的研究
　　[J]. 光谱仪器与分析（Z1）：105-109.

韩杰楠，王美娟，赵训超，等，2020. 玉米淀粉含量近红外模
　　型建立与优化 [J]. 玉米科学，28（6）：81-87.

韩吴琦，黄永丽，2013. 建立近红外一致性检验模型快速鉴别
　　地奥心血康胶囊的真伪 [J]. 中国执业药师，10（9）：
　　22-24.

侯春生，夏宁，2010. RFID 技术在中国农产品质量安全溯源体
　　系中的应用研究 [J]. 中国农学通报，26（3）：296-298.

黄必胜，袁明洋，余驰，等，2014. 基于近红外特征谱段相关
　　系数法鉴别真伪龙齿 [J]. 中国药师，17（4）：619-622.

瞿海斌，杨海雷，程翼宇，2006. 近红外漫反射光谱法快速无
　　损鉴别阿胶真伪 [J]. 光谱学与光谱分析（1）：60-62.

李杰，李尚科，蒋立文，等，2020. 基于近红外光谱技术与化
　　学计量学的绿茶无损鉴别方法研究 [J]. 分析测试学报，11
　　（39）：1 344-1 350.

李庆，闫晓剑，赵魁，等，2020. 基于云端-互联便携式近红
　　外技术现场快检西红花真伪 [J]. 光谱学与光谱分析，40
　　（10）：3 029-3 037.

刘呆华，申锋，陈锋，等，2020. 在线近红外分析仪在豆粕质
　　量控制中的应用 [J]. 中国油脂，45（12）：142-144.

刘星，范楷，钱群丽，等，2021. 基于近红外光谱技术的坛紫
　　菜产地溯源研究 [J]. 农产品质量与安全，1：51-55.

路辉，彭彬倩，冯晓宇，等，2020. 大米直链淀粉、蛋白质、

脂肪、水分含量的近红外光谱模型优化 [J]. 中国稻米, 26 (6): 55-59.

罗清尧, 熊本海, 杨亮, 等, 2011. 基于超高频 RFID 的生猪屠宰数据采集方案 [J]. 农业工程学报, 27 (2): 370-375.

饶敏, 桂家祥, 王晓娟, 等. 近红外检测技术在口岸安全监管领域的应用展望 [J]. 分析测试学报, 39 (10): 1 225-1 230.

任广鑫, 金珊珊, 张正竹, 等, 2020. 近红外光谱分析在茶叶品控与装备创制领域的研究进展 [J]. 茶叶科学, 40 (6): 707-714.

宋君, 雷绍荣, 郭灵安, 等, 2012. DNA 指纹技术在食品掺假、产地溯源检验中的应用 [J]. 安徽农业科学, 40 (6): 3 226-3 228, 3 233.

孙阳, 刘翠玲, 孙晓荣, 等, 2020. 基于便携式近红外光谱仪的面粉品质快速筛查方法研究 [J]. 食品科技, 10 (45): 267-272.

王兵, 李心清, 杨放, 2012. 元素-锶同位素技术在农产品原产地溯源中的应用 [J]. 地球与环境, 40 (3): 391-396.

王冬, 马智宏, 韩平, 等, 2012. 法布里干涉、傅里叶变换近红外光谱仪采集西湖龙井茶近红外光谱的比较 [J]. 农产品质量与安全, 增刊: 46-49.

王冬, 闵顺耕, 朱业伟, 等, 2011. 法布里干涉近红外光谱仪测定烟草品质成分 [J]. 现代科学仪器, (6): 107-110.

王冬, 闵顺耕, 朱业伟, 等, 2011. 法布里干涉近红外光谱仪定量测定大豆、玉米主要成分 [J]. 现代仪器，17（5）：30-33.

王伟明，董大明，郑文刚，等，2013. 梨果糖浓度近红外漫反射光谱检测的预处理方法研究 [J]. 光谱学与光谱分析，33（2）：359-362.

王文佳，肖羽，方海顺，等，2014. 建立近红外一致性模型快速鉴别三磷酸腺苷二钠片的真伪 [J]. 中国当代医药，21（8）：19-20，24.

王新基，郭涛，潘发明，等，2021. 利用近红外光谱技术快速分析全株玉米青贮营养成分 [J]. 家畜生态学报，42（1）：52-55.

吴昱景，张黎莉，2012. 近红外漫反射光谱法鉴别不同厂家注射用葛根素的真伪 [J]. 海峡药学，24（3）：75-77.

袁玉伟，张永志，付海燕，等，2013. 茶叶中同位素与多元素特征及其原产地 PCA-LDA 判别研究 [J]. 核农学报，27（1）：47-55.

曾楚锋，张丽芬，徐娟娣，等，2013. 农产品产地溯源技术研究进展 [J]. 食品工业科技，34（6）：367-371.

张瀚文，2012. 微型近红外光谱仪探测系统的设计与研究 [D]. 上海：复旦大学.

张晓焱，苏学素，焦必宁，等，2010. 农产品产地溯源技术研究进展 [J]. 食品科学，31（3）：271-278.

赵怡锟，于燕波，康定明，等，2020. 近红外光谱分析在玉米单籽粒品种真实性鉴定中的影响因素 [J]. 光谱学与光谱分析，7（40）：2 229-2 234.

郑火国，刘世洪，孟泓，2009. 基于 GPRS 的农产品移动溯源终端研究与实现 ［J］. 微计算机信息，25（9-2）：44-45.

周雷，李钢，苏哪锋，2021. 近红外技术在药物生产过程质量控制中的应用 ［J］. 广东化工，48（1）：60-61，56.